U0161487

周 凌 黄华青 赵 悦 著

元阳传统村落
地域建造体系及其更新技术

东南大学出版社 · 南京

目　录

绪　论　　　　　　　　　　　　　　　　　　　　　　005

第一章　元阳梯田地区传统村落概述　　　　　　　　019
　　一、传统村落调研　　　　　　　　　　　　　019
　　二、传统民居测绘　　　　　　　　　　　　　024

第二章　传统村落生态环境与民居建造　　　　　　　035
　　一、自然环境　　　　　　　　　　　　　　　036
　　二、村庄设施　　　　　　　　　　　　　　　041
　　三、传统民居建造体系　　　　　　　　　　　070
　　四、现状与问题　　　　　　　　　　　　　　105

第三章　村落环境修复设计　　　　　　　　　　　　109
　　一、自然环境保护与修复　　　　　　　　　　109
　　二、公共设施的更新与完善　　　　　　　　　118

第四章　传统民居保护与更新　　　　　　　　　　　167
　　一、轻钢结构体系　　　　　　　　　　　　　168
　　二、建造体系更新　　　　　　　　　　　　　184
　　三、抗震加固措施　　　　　　　　　　　　　262

第五章　新民居的设计与建造　　　　　　　　　　　269
　　一、轻钢结构新民居系统设计　　　　　　　　270
　　二、传统宅型深化设计　　　　　　　　　　　294
　　三、传统民居更新与改造设计　　　　　　　　297
　　四、新民居设计　　　　　　　　　　　　　　317

结　语　　　　　　　　　　　　　　　　　　　　　325

参考文献　　　　　　　　　　　　　　　　　　　　328
附录：测绘图纸　　　　　　　　　　　　　　　　　330
附录：测绘详图　　　　　　　　　　　　　　　　　340
后　记　　　　　　　　　　　　　　　　　　　　　367

绪　论

　　中国是农耕文明历史最悠久的国家之一，传统村落是中华农耕文明最小的社区单位，也是农耕文明留下的最大遗产。传统村落作为文化遗产具有完整性、历史性、独特性、活态性的特点[1]。2005 年以来，十六大提出的"社会主义新农村"建设、十八大提出的"美丽乡村"建设以及 2012 年开始的三部委对"传统村落"的支持，这一系列围绕乡村环境改善的行动在乡村环境治理、基础设施建设、生态保护等方面成效显著，在较短时间内改变了乡村的环境和风貌。但是由于缺乏系统、深入的理论研究和相关技术指导，三个行动过于快速和简单化，结果造成乡村建设模式单一、结果平均、风貌雷同的现象。尤其是传统村落，其环境被简单、不加区别地整治，土生土长的乡土风貌消失了，长期形成的社会历史脉络被切断了，很多的历史环境被毁坏了[2]。因此，对传统乡村房屋建造体系本身的深入研究以及寻找具有文化兼容、技术兼容、历史兼容、地域兼容的替代性技术，是传统村落更新保护的当务之急，也是乡村建设的迫切需要。

---

[1] 王文章 . 非物质文化遗产概论 [M]. 北京：文化艺术出版社，2006.
[2] 周凌 . 桦墅乡村计划：都市近郊乡村活化实验 [M]. 建筑学报，2015（9）：24–29.

一

　　山地梯田传统村落是一种特殊的类型，因其特殊的地理位置和地形地貌，具有独特的历史、文化、景观价值。但这些传统村落也面临一些问题，比如：山地耕地空间小，人多地少，居住面积不能满足乡村人口自然增长的需求；传统住屋的结构安全存在隐患，维护结构的保温、隔热等不能满足现代居住的需求；很多地区发展旅游业，无序扩张，传统村落风貌破坏严重；传统村落作为文化载体，处于湮没的边缘；等等。因此，目前梯田地区传统村落不得不普遍面对以下需求：①人口自然增长的需求；②村民生活质量改善的需求；③增加村民收入、发展旅游服务业、城乡反哺的需求；④文化传承的需求。近年来在我国经济高速增长、快速城市化以及社会转型等背景下，传统村落正在迅速消失。以被列入联合国教科文组织《世界遗产名录》的云南元阳哈尼梯田文化景观为例（图 0-1），其核心区有 250 多个传统村落，在近 10 年间，传统村落的数量减少到只剩下 5 个，几乎消失殆尽[1]。云南、贵州、四川、广西、浙江山地丘陵地区等国内其他地区的诸多山地梯田传统村落，也同样正处于迅速消失的边缘，这使得对此类型的传统民居改造与更新研究具有必要性和紧迫性。能否在设计方法上将地方建造特色与可持续设计要求相结合是一个关键技术问题。

图 0-1 元阳山地梯田

[1] 李佳霖 . 元阳哈尼梯田：重要的是让农民留下来种愁 [EB/OL]. (2018-01-27).https://www.sohu.com/a/219296407_559116.

针对上述问题，当地迫切地需要寻找一套完整的适应山地梯田地域建造体系的可持续建造技术，分析其作用机理并进行现代更新。对于梯田地区传统村落更新的设计策略，一方面需要符合村镇经济水平和建造条件的低技术、被动式的可持续设计来实现生态节能减排的目标，另一方面，在当前的建设和整治过程中，如何保持地域建筑风貌和文化特色，同时又满足现代生活需求，需要在设计理论上有新的突破，在方法上有新的指引。山地梯田乡村可持续发展中，由于山地空间限制，土地资源极其有限，节能、节地的措施就显得至关重要。山地很难提供大面积新的建设土地，在原来的村落里原来的宅基地上原址改造，是这类村庄更新的主要方式，对其技术方法进行研究具有十分重要的意义。因此，节能节地措施、适宜性技术使用、文化风貌保护等，便成为梯田传统村落保护更新的几项核心内容（图0-2）。

二

梯田既是人工建造的景观，又是自然塑造的景观，梯田的出现是村民为了满足生产所需而自发建造的，因此，梯田是人工遗产，也是自然遗产，与村落共生共融。本书对元阳地域性建造体系的研究有三个板块：山地梯田自然环境、村庄设施和传统民居建造体系构成，对三个部分的分析研究从自然环境到具体民居单体，涵盖了整个村落物质环境的生态系统（图0-3）。

图0-2 阿者科村落

图 0-3 元阳山地梯田自然风光

　　本书提出"整体地貌保护"（General Topography Protection）的概念，把村落纳入整体大地的地表景观中，把哈尼村寨、建筑与山体、梯田、景观、植物一起看作一个和谐的景观生态体系。研究核心是如何保护和修复哈尼梯田这一个整体地貌，减少环境和房屋的风貌破坏，重新焕发出古村落的生命力。具体分为以下三个方面：

　　①环境改善。通过利用地方材料和地方做法修建路面、挡土墙、护坡、驳岸等基础设施，寻找安全实用、造价低、可持续、"非城镇化"的传统村落环境改善技术。

　　②风貌协调。一方面寻找使原始的传统民居风貌得以维护保持、防止其继续风化破损的方法，另一方面探索使风格异化的民居风貌与原始传统民居风貌相协调的风貌恢复改造技术。

　　③技术传承。探索具有哈尼族民族特色，同时满足现代生活需要、生态节能的更新改造手段和建造技术；为传统民居的加固、抗震、防火、热工性能等问题找到解决办法，发掘传统建造材料与技术的生态与节能优势，使传统技术焕发活力，传承文化。

　　本书从山地梯田传统民居的建造体系入手，遵循地域性、适用技术和生态节能的设计思路，通过设计创新对建造形式、技术方法和材料建构进行探索和验证，寻找地域建造体系的绿色替代技术。将可持续设计要求与地方建造特色相结合，实现节能低碳、富有风貌特色的可持续建筑设计方法，进而提出一种基于生态修复的山地梯田传统建造的绿色替代技术方法，为当前更多的传统聚落更新和乡村建设服务。

　　本书旨在达到以下目标：

　　①立足科学分析，开展传统建造体系技术更新研究。通过科学系、统地分析我国山地梯田地区地方建造体系与环境适应设计之间的关系，从技术和需求两方面出发，在实测、模拟、类型分析、实用性评价、比较测试等科学分析的基础上，归纳传统技术的效能和特点，并对其进行现代更新。

　　②立足地方建造，探索节能、节地与风貌协调的建造技术。用发展的眼光看待我国的环境建造传统，从中发掘本土的实用技术和方法，而不是片面强调高新技术。山地梯田地区传统民居在经济水平、建造条件、使用方式上有别于普通传统建筑。在这一视角下，对基于地方建造体系的可持续技术的研究显得尤为重要，山地梯田地区民居的绿色替代技术对居住质量提升、风貌协调、人居环境改善起到关键作用。

　　③立足传统建筑的适应性和地方性特点，应对乡村人居环境改善的整体要求。发挥传统建造中环境友善的建造策略，改善其中不合理、不安全、不能适应现代生活的部分，对其进行替换，对结构、维护体系进行重新整合。在关键部位使用现代技术和材料，同时考虑环境可逆性，避免对环境造成永久伤害，须利于节能、节地，做到经济、适用、美观，符合当前研究发展趋势。

　　本书将山地梯田传统村落更新置于整体生态恢复的框架下进行考虑，首先分析村庄人工与自然的整体生态效能，再运用科学方法分析村落与民居的地方建造体系及其建筑节能作用机理，进而通过对村庄环境的可持续改造、传统民居的保护更新设计，将可持续设计要求与地方建造风貌特色相结合，利用传统民居中的绿色建造策略，在关键部分结合现代技术和材料，满足经济、适用、美观等需求，进行适应现代生活的改良和整合，实现节能低碳、富有风貌特色的可持续更新方法。

　　分三个阶段对更新技术进行研究：首先，对元阳山地梯田地区哈尼传统村落基本情况进行梳理；其次，对传统村落地域建造体系进行现状分析和问题总结；最后，针对现状问题提出可持续性的村庄环境修建性导则和具有示范意义的民居改造与建造技术。

具体针对以下几方面开展工作：

①基础设施体系方面。对元阳哈尼梯田核心区传统村落的基础设施进行分析，梳理村内给排水、电气、室外照明、公共空间系统，增建污水处理站、垃圾处理场、公厕等公共设施点，利用石材、茅草、竹子、泥土、木材等天然材料，传承传统地域性建筑技术，修建路面、挡墙、护坡、驳岸等基础设施。

②村落风貌恢复的类型和策略方面。元阳哈尼梯田传统村落因位置不同而面临不同的情况，其对应的传统村落环境治理和风貌恢复策略也不同。应采用分类保护、不同程度恢复的因地制宜的方法：传统风貌保持很好的民居予以"冻结式保护"，传统风貌保持较好的民居予以"修缮"，传统风貌有所异化的民居予以"改造"，传统风貌异化严重的民居予以"重建"。

③建造体系方面。对元阳传统民居的结构形式、构造方法、建筑材料进行系统分析归纳，对房屋的维护结构和屋顶的材料和构造进行分析研究，发现传统建造体系目前存在的加固、抗震、防火、热工性能等问题，并探索可应用的传统技术，使之恢复活力。

④新材料、新技术的应用方面。以可就地取材的竹材、木材、稻草、泥土和石材等为主要材料，寻找耐久、实用、造价低、与环境和谐的替代材料和替代建造技术，引入新的材料和构造做法，使之能够模拟传统民居建筑风貌效果，与传统建筑风貌相协调。

三

　　传统聚落及住屋研究始于文化人类学。美国人类学家路易斯·亨利·摩尔根（Lewis Henry Morgan）在 1865 年发表了《美国土著的住屋与住屋生活》[1] 一书是最早对乡土建筑进行研究的专著之一，他在书中详尽地论述了美国本土印第安人的传统文化及生活与其住屋空间的关系。在建筑学领域，1964 年伯纳德·鲁道夫斯基（Bernard Rudofsky）在纽约当代艺术博物馆（MoMA）举办"没有建筑师的建筑"展览，并发表同名书籍 [2]，将人们的视野从精致的、职业化的学院建筑转移到粗犷的、自发性的

[1] MORGAN L H. Houses and House-life of the American Aborigines[M]. Chicago：University of Chicago Press，1965.

[2] RUDOFSKY B. Architecture without Architects：An Introduction to Non-Pedigreed Architecture[M]. London： Academy Editions，1964.

乡土建筑，向世界推介了乡土聚落和建筑所蕴藏的历史文化和美学价值，让"没有建筑师的建筑"第一次站在了建筑界的中心舞台。1969 年，阿莫斯·拉普卜特（Amos Rapoport）出版《宅形与文化》一书 [1]，他提出乡土建筑的形式是对气候限定因素、社会文化因素、技术限定因素的回应和适应，具有很强的内生逻辑。另一位重要的聚落研究者原广司在其著作《世界聚落的教示 100》[2] 中，通过对地中海周边、南亚、日本、中东、西非世界多地传统聚落的实地考察，用生动的案例提炼和展现了聚落中的建筑要素及其对建筑学的启示。

建构文化研究也是传统建造体系研究的重要背景。建构作为建筑的骨，不仅影响着建筑空间的设计，还是控制建造成本的重要环节。乡土建筑是基于各自独特的建构体系而生成的建筑，但传统建构方式对提高建造效率及提升建筑物理性能的支撑不足，因此，建构文化的发展对乡村地区的传统建筑建造与更新具有重要的推动意义。肯尼思·弗兰姆普敦（Kenneth Frampton）的《建构文化研究：论 19 世纪和 20 世纪建筑中的建造诗学》一书具有非常广泛的影响，他指出，积极主动地挖掘建构传统对于未来建筑形式的发展具有至关重要的意义 [3]。斯坦福·安德森（Stanford Anderson）对建构文化亦有长时间的研究，形成系统化的结构学科体系 [4]。

在绿色地域性建筑研究方面，琳恩·伊丽莎白（Lynne Elizabeth）和卡萨德勒·亚当斯（Cassandra Adams）的《新乡土建筑：当代天然建造方法》[5] 一书围绕建造法则、结构体系和天然建筑材料展开了探讨，较全面地介绍了传统与现代的天然建筑方法；该书将天然建筑材料利用放在可持续发展的大背景下，关注材料使用与气候、资源及社区发展的关系，涵盖了从材料选择、构造改进、施工、技术传播以及工程实践的各个环节，完整总结了世界范围内天然建筑材料当代应用的成果 [6]。日本学者清家刚与秋元孝之撰写的《可持续性住宅建设》反映了日本在构筑可持续性社会和实现资源循环型住宅建设方面的最新研究成果，该书以经济社会发展和地球环境问题为背景，阐述了可持续性住宅更新建设的方法与资源循环型住宅 [7]；另外，日本建筑师

[1] RAPOPORT A. House Form and Culture[M]. London：Englewood Cliffs，1969.

[2] 原广司. 世界聚落的教示 100[M]. 于天，刘淑梅，马卡里，译. 北京：中国建筑工业出版社，2003.

[3] FRAMPTON K. Studies in Tectonic Culture：The Poetics of Construction in Nineteenth and Twentieth Century Architecture[M]. Massachusetts：MIT Press，Cambridge，1995.

[4] ANDERSON S. Eladio Dieste：Innovation in Structural Art. New Jersey：Princeton Architectural Press，2004.

[5] ELIZABETH L，ADAMS C. Alternative Construction：Contemporary Natural Building Methods[M]. [s.l.]：Wiley Press，2005.

[6] JONES D L. Architecture and the Environment：Bioclimatic Building Design[M]. London：Lawrence King，1998.

[7] 清家刚，秋元孝之. 可持续性住宅建设 [M]. 陈滨，译. 北京：机械工业出版社，2008.

研究的轻钢结构住宅，将轻钢骨作为结构体系，把日本传统的木结构住宅改进成钢结构和合成板结构，研究出斜撑耐力壁结构、框架结构、框架桁架组合结构及板式结构等住宅的钢骨架结构形式[1]。玛丽·古佐夫斯基（Mary Guzowski）编著的《零能耗建筑：新型太阳能设计》一书，详细讲解了设计策略的细节、当地气候影响以及阳光和风力的季节性变化的重要性，探讨了新型太阳能建筑设计的理论、实践和原则，重新定义了"什么是建筑"，有助缓解人类面对的生态问题[2]。

在实践方面，全球各地建筑师积极探索将地域性绿色民居理念与当代建筑设计结合的路径，产生了一批代表性成果。美国建筑师弗兰克·劳埃德·赖特（Frank Lloyd Wright）倡导"有机建筑"理论，强调建筑应与当地环境融为一体的设计原则；印度建筑师查尔斯·柯里亚（Charles Correa）提出的"形式追随气候"的设计方法论；埃及建筑师哈桑·法赛（Hassan Fathy）研究了传统建筑形式随不同气候地域产生的变化；北欧建筑师阿尔瓦·阿尔托（Alva Alto）、澳大利亚建筑师格伦·马库特（Glenn Murcutt）、瑞士建筑师马里奥·博塔（Mario Botta）、墨西哥建筑师路易斯·巴拉干（Luis Barragán），以及提出"热带城市地区主义"的马来西亚建筑师杨经文（Ken Yeang）等，均在建筑实践中贯彻了环境可持续性理念，提出了相应的地域性设计策略。

国内对传统村落地域建造体系的研究是在对乡土建筑长期调研的基础上发展起来的，在聚落和民居、乡土绿色技术等方面积累了丰富的一手资料和技术分析成果。

我国传统村落及民居研究始于1930年代，营造学社学者刘敦桢、梁思成、龙庆忠等对西南、西北地区的典型民居做了测绘调研；刘敦桢后来整理发表的《中国住宅概说》是我国乡土建筑研究的第一部专著[3]。1950年代初期，针对中国幅员辽阔、地方特征明显的环境特征，全国被划分为六个地区，分别组建形成中国建筑西北设计研究院、华东设计研究院、东北设计研究院、西南设计研究院、中南设计研究院和华北设计研究院，针对不同地区的环境和社会特征展开采风、测绘等基础工作，开展西北民居、皖南民居、江南民居、岭南民居、福建民居等地区特色建筑研究。

1980年代以来，众多建筑学者投身全国各地乡土聚落及建筑的研究，完成大量抢救性研究工作。清华大学陈志华、李秋香等著有"中华遗产·乡土建筑"系列丛书，对浙、闽、皖等地的传统聚落和民居进行调研、测绘、普查工作，在聚落层面探索

[1] 王钰.轻钢农宅的标准化设计与多样化应用研究[D].北京：清华大学，2012.

[2] GUZOWSKI M. Towards Zero Energy Architecture：New Solar Design[M]. London：Thames & Hudson Press，1995.

[3] 刘敦桢.中国住宅概说[M].天津：百花文艺出版社，2004.

乡土聚落的选址、结构和布局与风水文化、社会经济、水路交通的关系，在建筑层面则对建筑形制、功能，尤其是与社会活动的关系进行阐释[1]。清华大学单德启的《从传统民居到地区建筑》一书[2]，基于人与居住环境的聚落、中国传统聚落的保护与更新实践、城市化背景下的传统聚落和小城镇建设、地区主义建筑和当代乡土人居环境四个部分展开研究。华南理工大学陆元鼎亦是较早进行民居研究的学者，《广东民居》从村镇布局、空间组合、材料构造、装饰细部等层面，奠定了一套传统民居的研究方法[3]。他引领编写的"中国民居建筑丛书"采取族群迁徙、文化源流的视角，从更广泛而完整的谱系梳理了中国民居建筑的分布和形成。同济大学陈从周等在《中国民居》一书中，对各地代表性民居的艺术与文化进行生动而深刻的呈现[4]。重庆大学黄光宇对于西南山地地区聚落及建筑形态的研究，总结了山地城镇及乡村的人居环境模式和规律[5]。李晓峰的《乡土建筑：跨学科研究理论与方法》以跨学科交叉整合的方法，把社会学、人文地理学、生态学等与地区建筑研究进行交叉融贯[6]。少数民族研究方面，蒋高宸的《云南民族住屋文化》[7]、杨昌鸣的《东南亚与中国西南少数民族建筑文化探析》[8]、李先逵的《干栏式苗居建筑》[9]等论著对少数民族地区的建筑进行了类型化分析，通过测绘整理现存建筑例证，对于民族聚居地建筑研究奠定了基础。

吴良镛于1980年代末、1990年代初提出建立"人居环境科学"的主张，并在《广义建筑学》[10]《人居环境科学导论》[11]等论著中阐述相关理念，引领我国建筑与城市规划及相关学界的广大学者，在人居环境科学体系中开展多样的研究工作，将建筑放在整个自然生态系统中来考虑其可持续发展，成为民居研究的一个新趋势。

在传统民居绿色性能研究方面，西安建筑科技大学刘加平团队从事建筑物理的

[1] 陈志华. 乡土建筑廿三年 [J]. 中国建筑史论汇刊, 2012（1）: 355-360; 陈志华, 李秋香. 中国乡土建筑初探 [M]. 北京: 清华大学出版社, 2012.
[2] 单德启. 从传统民居到地区建筑 [M]. 北京: 中国建材工业出版社, 2004.
[3] 陆元鼎, 魏彦钧. 广东民居 [M]. 北京: 中国建筑工业出版社, 1990.
[4] 陈从周, 等. 中国民居 [M]. 上海: 学林出版社, 1997.
[5] 黄光宇. 山地城市学 [M]. 北京: 中国建筑工业出版社, 2002.
[6] 李晓峰. 乡土建筑: 跨学科研究理论与方法 [M]. 北京: 中国建筑工业出版社, 2005.
[7] 蒋高宸. 云南民族住屋文化 [M]. 昆明: 云南大学出版社, 1997.
[8] 杨昌鸣. 东南亚与中国西南少数民族建筑文化探析 [M]. 天津: 天津大学出版社, 2004.
[9] 李先逵. 干栏式苗居建筑 [M]. 北京: 中国建筑工业出版社, 2005.
[10] 吴良镛. 广义建筑学 [M]. 北京: 清华大学出版社, 2011.
[11] 吴良镛. 人居环境科学导论 [M]. 北京: 中国建筑工业出版社, 2001.

理论与应用研究，关注地区民居建筑演变和发展模式的理论探索和工程实践，针对干热干冷气候条件下民居的布局、形态、材料的科学化技术化研究，并将其运用于现代民居建筑设计；将新旧民居环境实测、室内外热环境模拟、新型窑居建筑方案设计、建立示范基地进行验证等有机结合，促进乡村建筑走向节能、节约资源的生态建筑。浙江大学王竹关注长江流域城镇可持续发展问题，主持国家自然科学基金"长江三角洲城镇基本住居单位可持续发展适宜性模式研究"等课题。清华大学宋晔皓主持的张家港生态农宅研究，在张家港市进行了一系列生态农村研究与建设活动，针对夏热冬冷地区传统民居展开调研，提炼出地区民居在气候适应方面的设计策略[1]。清华大学林波荣关注可持续城市环境、绿色建筑与节能技术等领域，主持国家科技支撑计划课题"性能目标导向的绿色建筑设计节能优化技术研究"等研究课题，并发表《居住区热环境控制与改善技术》[2]等论著。清华大学张悦以北京地区为依托开展地区聚落的基础调研与规划方法研究，基于整体论和系统方法对乡村规划设计进行建构，发表《北京乡村的可持续规划设计探索》[3]等学术论文。

在绿色替代建构体系的探索上，有多位建筑师提出了可行策略。单德启课题组于 1980 年代至 1990 年代，在广西融水县进行了很有意义的木楼寨等村落干栏民居的改造实验工作；该项目旨在改造干栏木楼民居，改善山区农村居住环境，引入砖混结构体系和砖木结构体系代替木结构，减少建房对森林资源的影响[4]。华中科技大学李保峰在其博士论文中通过实验和定量、定性研究，并结合模拟测试的方法，提出"可变化表皮"设计原则及策略[5]。赵济生等针对夏热冬冷地区独特的气候特点，以及住宅多采用间歇式的空调运行模式，提出应采用外墙内保温系统[6]。香港中文大学吴恩融团队与昆明理工大学柏文峰团队在 2014 年云南鲁甸地震灾后重建中进行了新型抗震夯土民宅的实践，通过提升传统夯土建筑的抗震性能和室内环境质量，为村民提供了安全、舒适、经济、可持续的重建方案[7]；同时，该团队通过将现代夯土建造技艺传授于当地村民，降低了建造成本，并为村民提供了新的就业机会，在云南、

[1] 宋晔皓 . 利用热压促进自然通风：以张家港生态农宅通风计算分析为例 [J]. 建筑学报，2000（12）：12-14.

[2] 林波荣，李晓峰 . 居住区热环境控制与改善技术研究 [M]. 北京：中国建筑工业出版社，2010.

[3] 张悦，倪锋，郝石盟，等 . 北京乡村的可持续规划设计探索 [J]. 建筑学报，2009（10）：79-82.

[4] 单德启 . 论中国传统民居村寨集落的改造 [J]. 建筑学报，1992（4）：8-11；单德启 . 欠发达地区传统民居集落改造的求索：广西融水苗寨木楼改建的实践和理论探讨 [J]. 建筑学报，1993（4）：15-19.

[5] 李保峰 . 适应夏热冬冷地区气候的建筑表皮之可变化设计策略研究 [D]. 北京：清华大学，2004.

[6] 赵济生，王昌明，生志勇，等 . 夏热冬冷地区外墙内保温技术的应用 [J]. 施工技术，2009，38（5）：49-50.

[7] 吴恩融，万丽，迟辛安，等 . 光明村灾后重建示范项目，昭通，中国 [J]. 世界建筑，2017（3）：166.

四川等地开展一系列夯土抗震民宅建设。此外，鉴于因云南地区木材短缺、砖混结构民居大量涌现而导致的民居建筑特色消失这一问题，柏文峰团队研究开发针对小构件 IMS 体系的预制构件保护性拆卸技术，对提高资源利用和保护生态环境具有重要意义 [1]。台湾建筑师谢英俊从生态环境出发，提出"协力造屋，互为主体"的乡村建筑营造模式和轻钢结构"开放体系"的乡村建筑营造技术；实践过程中，尽可能选用身边所能使用的资源作为建筑材料，极大可能地发挥材料的特性，达到结构、材料、空间、美学和可持续建筑理念的和谐统一；以最少的外来投入来创造节约乡村资源和提高生活质量的本土化环境 [2]。香港中文大学朱竞翔团队开发了多种轻型结构系统，包括新芽复合体系、空间板式体、模块框架体系、模块钢框架体系、模块平台体系，探究结构和建造体系如何带来建造的高效及材料的节约，如何表达和谐的美，如何为使用者带来更好的空间体验。该团队的研究价值观将建造体系的研究提升到了更高的视野。

自 2013 年元阳哈尼梯田被列入联合国教科文组织《世界遗产名录》之后，元江南岸梯田的学术价值得到了相当程度的重视，昆明理工大学、云南师范大学、清华大学等高校学者等分别从景观生态学、文化人类学、建筑学等视野出发，对哈尼梯田村寨开展了多学科、多视角的研究 [3]。

关于村落和民居的本体研究方面，较早的文献可追溯到 1995 年昆明理工大学朱良文等发表的《哈尼族民居调查资料》，该团队针对哈尼传统民居的研究发表了一系列关于民居和村落规划的论文，包括《传统民居价值与传承》[4]《传统民居的价值分类与继承》[5] 等，从传统聚落和民居建筑的历史、文化、类型、风貌，以及相关建筑技术、装饰等各方面对哈尼族民居进行了系统性研究，汲取传统民居在规划布局、功能设计、组织构造、材料运用、节能抗震以及造型装饰等具有传承价值的建筑语言。杨大禹和朱良文的《云南民居》[6]、蒋高宸的《云南民族住屋文化》等著作从文化、历史、类别、风貌以及相关的建造技术、材料、结构、装饰等方面对云南地区各少数民族传统民居包括哈尼民居进行研究，整理发表了大量传统民居的建筑测绘图，

[1] 柏文峰, 王雅晶. 小构件 IMS 体系云南民居预制构件保护性拆卸技术 [J]. 四川建筑科学研究, 2011, 37 (6): 66-69.
[2] 武玉艳. 谢英俊的乡村建筑营造原理、方法和技术研究 [D]. 西安: 西安建筑科技大学, 2014.
[3] 杨宇亮, 罗德胤, 孙娜. 元江南岸梯田村寨的宏观空间特征研究 [J]. 建筑史, 2015 (2): 90-99.
[4] 朱良文. 传统民居价值与传承 [M]. 北京: 中国建筑工业出版社, 2011.
[5] 朱良文. 传统民居的价值分类与继承 [J]. 规划师, 1995, 11 (2): 14-17.
[6] 杨大禹, 朱良文. 云南民居 [M]. 北京: 中国建筑工业出版社, 2009.

发掘民族建筑的优秀传统。杨大禹团队还对"蘑菇房"的空间形制、平面形式和外观形态等进行总结，从空间形制方面将哈尼族民居分为独立形、曲尺形、三合院和四合院四种类型[1]。

清华大学罗德胤团队同样对元阳哈尼族村寨进行了深入调查和研究，关于聚落史、民居类型等发表了一系列成果，并于 2013 年出版《哈尼梯田村寨》[2]一书，全面记述了哈尼传统村落的文化与现状，其研究展现了哈尼传统民居的历史变迁，反映了哈尼族人在过去为适应不同自然地理环境对住屋进行的调整，以及他们在新时代由于生活条件与思想观念的转变而做出的改变。云南师范大学宗路平、角媛梅等以全福庄中寨为研究对象，通过实地调查、访谈和 GIS 制图等方法，分析了哈尼聚落景观的组成要素与内部结构、景观空间格局及其演变，针对如何传承与保护哈尼聚落景观、如何防止聚落空心化等问题提出策略[3]。南京大学黄华青从人类学家布迪厄的家屋分析二元结构出发，观察哈尼族在"蘑菇房"中的居室活动，分析其在居室中的空间结构，发现了哈尼族传统"空间观"在民居空间中的自治性，为传统民居更新与新民居建造提供了理论支持[4]。

建筑设计实践方面，朱良文、程海帆团队针对哈尼梯田遗产区阿者科等重点村落，梳理其作为文化景观遗产的核心价值，分析其面临的主要矛盾及问题，进而进行了若干村落保护性改造试验[5]；他们还采用低造价、低技路径对传统哈尼族"蘑菇房"进行了维护改造，为云南相对贫困地区传统民居的内部人居环境改善及经济效应提升提供了良好的范本[6]。杨大禹团队在研究基础上结合哈尼地方传统特色及现代居住功能需要，设计了哈尼族乡村新民居户型设计的通用标准图[7]。罗德胤团队也在全福庄中寨等村寨民居进行改造试验，在基本维持"蘑菇房"外观风貌的基础上，改善

[1] 方洁，杨大禹.同一民族的不同民居空间形态：哈尼族传统民居平面格局比较 [J]. 华中建筑，2012, 30（6）：152-156.
[2] 罗德胤，孙娜，霍晓卫，等 . 哈尼梯田村寨 [M]. 北京：中国建筑工业出版社，2013.
[3] 宗路平，角媛梅，李石华，等 . 哈尼梯田遗产区乡村聚落景观及其演变：以云南元阳全福庄中寨为例 [J]. 热带地理，2014, 34（1）：66-75.
[6] 黄华青，周凌 . 居住的世界：人类学视角下云南元阳哈尼族住宅的空间观 [J]. 新建筑，2019（6）：78-83.
[5] 程海帆，张盼，朱良文. 作为文化景观遗产的村落保护性改造试验：以红河哈尼梯田遗产区阿者科为例 [J]. 住区，2019（5）：82-88.
[6] 朱良文 . 对贫困型传统民居维护改造的思考与探索：一幢哈尼族蘑菇房的维护改造实验 [J]. 新建筑，2016（4）：40-45.
[7] 杨大禹 . 对云南红河哈尼族传统民居形态传承的思考 [J]. 南方建筑，2010（6）：18-27.
[8] 孙娜，罗德胤 . 哈尼民居改造实验 [J]. 建筑学报，2013（12）：38-43.

了房屋的结构稳定性、光环境和热舒适性，以适应现代生活需求[8]。

　　近十年来，国内外对地域建造体系的研究取得了大量学术成果，呈现从经验性、描述性研究方向向科学实证、跨学科和本土化方向发展的趋势，其主要创新点有：①乡土建造技术和实践层面的创新发展；②绿色建造技术的实验和科学分析的深入开展；③传统建筑建构文化理论方面的研究深入进行。对元阳梯田传统村落地区的研究也从基础的资料收集与记录，推进到具有一定创新和示范意义的村落保护及民居更新实践。

　　现有研究也存在如下不足。①对于我国对传统聚落中建造体系的系统性关注不足。地域建造体系是一个系统，是人类上千年对生存环境的适应性反应，是自然与人居环境生态链条中的一环，如山地梯田村落就是与山体、森林、梯田、水体共生的系统性整体。②对于传统村落、特别是山地梯田地区传统民居的绿色、生态技术方面缺乏科学实证研究，以往研究侧重民居建筑文化与空间方面，技术量化分析不够充分。③对结合地域智慧、具有建构意义的绿色替代技术研究不足，以往绿色技术研究与传统多呈现各自独立、技术与形式分离的现象。因此，本书试图在系统化视角下，更多地发掘地域性绿色智慧和相关技术，引入前沿技术原理，在建构视角下为村落的生态保护及民居的有机更新提出可行策略。

第一章
元阳梯田地区传统村落概述

云南是我国传统村落较为密集的地区，以其独特的地域性和民族性独树一帜，滇南地区元江南岸的梯田村落就是这一类村落中的典范 [1]。2013 年，云南红河哈尼梯田文化景观，以其森林、水系、梯田、村落四素同构的独特性，入选《世界遗产名录》，哈尼传统村落的独特价值得到世界的认同。本章首先从现场调研开始，介绍元阳山地梯田地区传统村落的基本情况。其次，本团队也进行了大量传统民居测绘工作，本章节选部分代表性传统民居的测绘图纸，介绍这类传统村落中特殊的"蘑菇房"民居。

一、传统村落调研

哈尼族属于古羌族的一支，原居住于我国西北地区，后由于战乱等原因，向我国西南一带迁徙，翻山越岭，最后在云南哀牢山地区定居下来。迁徙过程中，哈尼族人在一个叫"诺玛阿美"的地方学会了梯田耕作技术，并世代将此技术集成了下来。到了明清时期，哈尼族的梯田耕作技术已发展成熟，形成一套符合自然规律、当地地理和气候条件的科学合理的耕作方法和制度。

---

[1] 杨宇亮，罗德胤，孙娜 . 元江南岸梯田村寨的宏观空间特征研究 [J]. 建筑史，2015（2）：90–99.

哈尼族拥有独特的传统民间信仰，信奉万物皆有灵。哈尼族谚语有"汉人读书不止，哈尼打卦不停"[1]的语句，所谓"打卦"，也就是祭祀中的一种习俗，《哈尼族简史》中描述，他们一年之中有四分之一的时间都在过节[2]，而节庆则主要为祭祀节庆。在云南省南部的哈尼族（泰国、缅甸、老挝的东北部也有一定分布，其祭祀习俗尚不明确）中，最重要的祭祀活动有三个，即"昂玛突""苦扎扎"和"十月年"。昂玛突节为每年年初举办，祭祀场地主要为寨神林；苦扎扎节为每年年中举办，祭祀场地主要为磨秋场；十月年，也称"十月节"与汉地春节相类似，以家庭团聚为主，集体祭祀意味较弱[3]，后因汉族文化影响，十月年的庆典逐渐弱化。所有的这些节庆祭祀活动都离不开共同的主题：祈求人畜兴旺，希望农业生产顺利。这体现了哈尼族人敬畏自然的心理，并由此发展出保护自然环境，以求子孙繁衍绵长的人地相处观念。

元阳哈尼梯田遗产区共有82个自然村村落(图1.1–1)，其中新街镇有57个自然村，攀枝花乡有23个自然村，黄茅岭乡有2个自然村。

有关部门将这些村落分为三个保护类别（表1.1–1），其中一级保护村落5个（上主鲁老寨、全福庄中寨、阿者科、牛倮普、垭口），二级保护村落51个，三级保护村落26个。

表1.1–1 元阳哈尼梯田遗产区保护村落分类

村落级别	特色风貌
一级保护村落（5个）	传统风貌保护良好，具有很高的历史、文化、学术价值
二级保护村落（51个）	传统风貌保存较好，历史、文化、学术价值较高
三级保护村落（26个）	村庄传统风貌保存较好，交通不便，对于哈尼遗产区风貌的景观视线无影响

本书选取了代表性的12个村落进行调研（表1.1–2）。

在平原地带，聚落的形式多是村落位于中间，农田围绕其四周布局。而哈尼梯田村落所处山地条件的特殊性，致使森林、村落、梯田、水系等要素自上而下呈线性分布，从而形成了哈尼传统村落独特的线性聚落结构（图1.1–2）。哈尼村寨的范畴以居住空间为居中参照，包括较低处以梯田为主的生产空间，以及较高处以森林

[1] 张红榛．哈尼族古谚语：汉英对照 [M]．昆明：云南美术出版社，2010．
[2]《哈尼族简史》编写组．哈尼族简史 [M]．昆明：云南人民出版社，1985．
[3] 罗德胤，孙娜，霍晓卫，等．哈尼梯田村寨 [M]．北京：中国建筑工业出版社，2013．

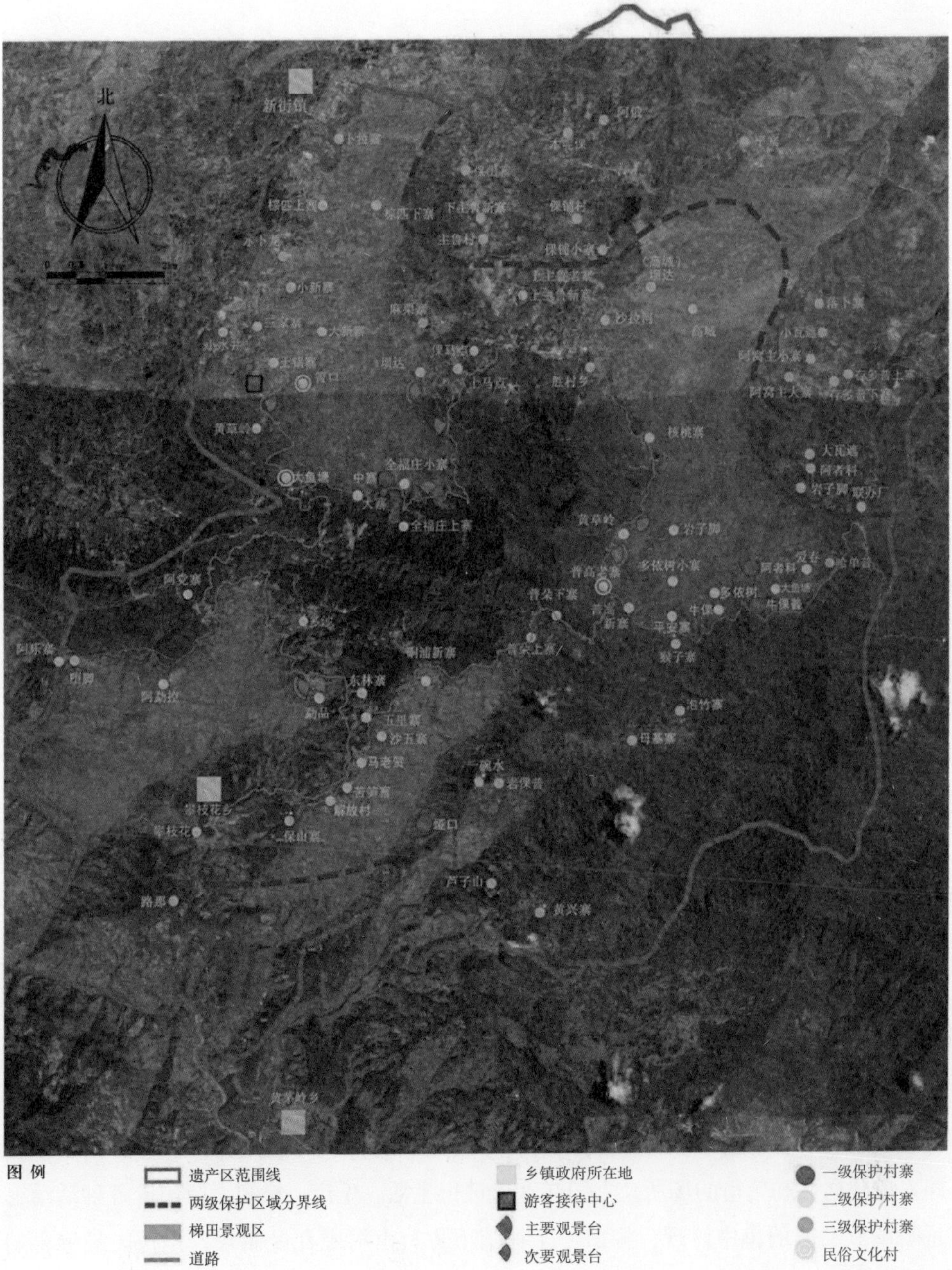

图 1.1-1 元阳哈尼梯田遗产区 82 个村落分布

［来源］赵峻锋.哈尼梯田遗产区非典型传统村落人居环境良性发展研究 [D].昆明：昆明理工大学，2015.

表 1.1-2　调研样本村落一览表

村落名称	阿者科	阿勐控寨	麻栗寨	平安寨	坝达寨	勐品寨
村落面积	14009 m²	52442 m²	133233 m²	7883 m²	34072 m²	81095 m²
村落海拔	1900 m	1300 m	1700 m	1900 m	1800 m	1400 m
村落名称	普朵上寨	土锅寨	多依树小寨	多依树寨	猴子寨	普高新寨
村落面积	11628 m²	60344 m²	17425 m²	63481 m²	43107 m²	56591 m²
村落海拔	1900 m	1700 m	1800 m	1800 m	2100 m	2000 m

为主的信仰空间，梯田向山下延伸常多达千级，形成生产空间、生活空间与信仰空间首尾相接的单向线性维度，并有显著的垂直分层特征。生产空间是另外两者得以存在的基础，哈尼村寨得以产生、延续的一系列生存智慧，主要就是基于生产空间对地理环境的调整或适应[1]。

　　哈尼梯田传统村落的营建遵循人与自然和谐相处的原则，村落布局依托自然环境展开。阴冷的高山区孕育着茂密的水源林，温和的中山区分布着哈尼族人的村落，温暖的下山区绵延着层叠的梯田，水系则自上而下贯穿其中。这种顺应自然环境，合理利用山形地貌、溪泉流水来营造自身聚居村落的认识和做法，折射出哈尼族独特的居住生态观念，形成了维系聚居环境的生态平衡和持续发展的"四素同构"相处模式[2]。哈尼族聚落的空间格局总体呈上为森林、中为村落、下为梯田、水系贯穿其中的"四素同构"格局（图 1.1-3），四个子系统协同作用，形成了哈尼族人生活繁衍的生存环境。这其中，水系作为串联其他三个元素的重要系统，是哈尼族人赖以生存的命脉。

　　森林位于村落上方，不但是"绿色水库"，为人们提供常年不竭的水源，更是宝贵的动植物资源库，为人们提供了各种肉类、蔬菜以及能源燃料；村寨则是哈尼族人世代居住和繁衍的场所，人们在这里进行生活、生产、祭祀、节庆等各种活动，是哈尼族文明的集中体现；梯田位于村落下方，由村民开垦而来，是村民最重要的食物来源地；水系从山上流淌而来，供给了村落日常的人畜饮水，灌溉了梯田，并最终流入区域水系，是整个梯田生态系统的串联者。

[1] 杨宇亮，罗德胤，孙娜. 元江南岸梯田村寨的宏观空间特征研究 [J]. 建筑史，2015（2）：90-99.
[2] 杨大禹. 对云南红河哈尼族传统民居形态传承的思考 [J]. 南方建筑，2010（6）：18-27.

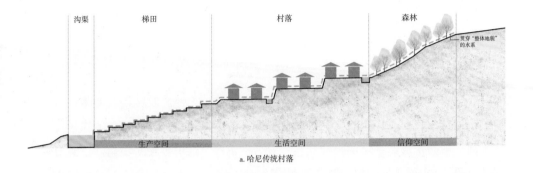

a. 哈尼传统村落

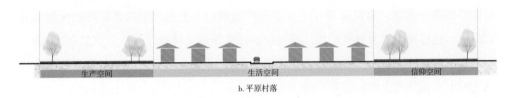

b. 平原村落

图 1.1-2 哈尼传统村落各要素分布与平原村落对比

图 1.1-3 哈尼传统村落"四素同构"布局

经过长期的生产生活实践，哈尼族人最终选择在海拔 1400~1800 m 的中山区建立自己的村落[1]。该地区气候温和、降水充足、物产丰富，上有涵养水源的山林，下有适宜耕种的梯田。这样的自然条件，有利于人类生活和农业生产。

二、传统民居测绘

哈尼族传统民居被称作"蘑菇房"，得名于其标志性的四坡或双坡茅草顶。典型的哈尼传统民居采用木构架、土墙或石墙、四坡茅草顶，为两层半独栋建筑，主体平面一般为矩形。一层层高较低，一般为牲畜房、柴房等辅助功能，二层为生活起居空间，最上面半层为粮食储藏间和屋顶晾晒平台（表 1.2-1、图 1.2-1、图 1.2-2）。

课题组从 2015 年开始对元阳哈尼传统村落进行测绘，主要选取梯田核心区内元阳县的多依树寨、普高新寨、平安寨及阿者科和上主鲁老寨的典型传统民居（表 1.2-2），通过测绘对当地哈尼族传统民居的建造体系进行梳理和总结。这几个村寨，均属于云南省红河州元阳县新街镇多依树村委会（图 1.2-3）。村寨分布在哀牢山脉的北坡上，建筑背山面田，沿等高线布置。

表 1.2-1 哈尼族"蘑菇房"典型特点

建筑概况	两层半传统民居，屋顶以茅草覆盖，形似蘑菇
建筑材料	主体为石，墙体以土材料为主，结构多使用木材，屋顶以茅草或石棉瓦为主
建筑结构	木构架与外墙共同承重，门窗洞口为拱券形式
功能布局	首层为牲畜用房，二层住人，三层用于储藏和晾晒

表 1.2-2 民居测绘成果统计

村 寨	编 号
阿者科（一级保护村寨）	高村长民宅
上主鲁老寨（一级保护村寨）	李有明民宅
多依树寨（二级保护村寨）	A1、A2、A3、A4、A5、B1、B2、B3、B4、B5、E1、E2、F2
平安寨（二级保护村寨）	A1、A2、A3、B1、B2
普高新寨（二级保护村寨）	B1、B2、D1、D2、D3

---

[1] 王清华 . 梯田文化论：哈尼族生态农业 [M]. 昆明：云南人民出版社，2010.

图 1.2-1 哈尼民居现状

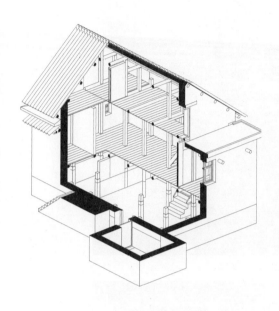

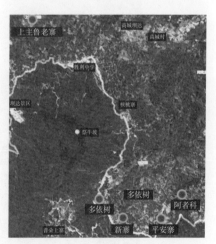

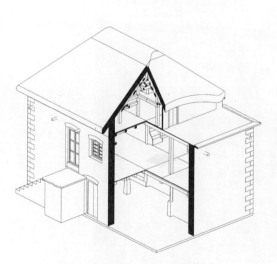

图 1.2-2 传统"蘑菇房"轴剖测　　　　图 1.2-3 测绘的哈尼传统村落分布

图 1.2-4 阿者科航拍

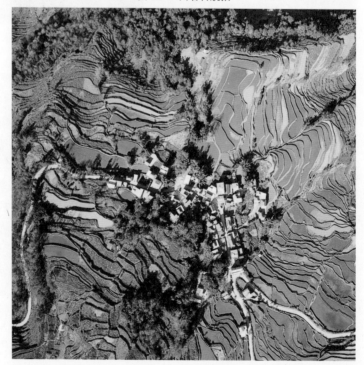

图 1.2-5 上主鲁老寨航拍

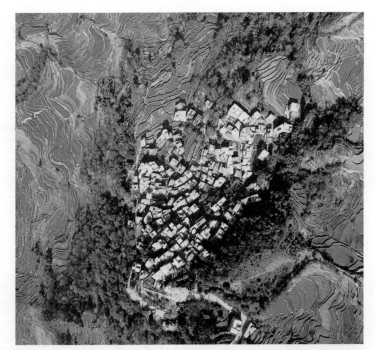

图 1.2-6　坝达寨航拍

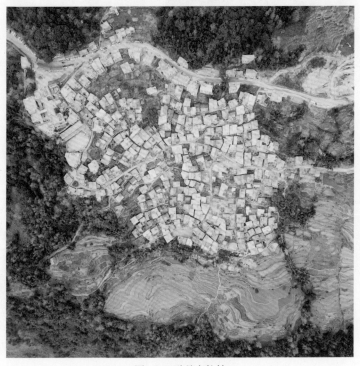

图 1.2-7　勐品寨航拍

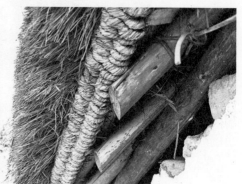

图 1.2-8 阿者科高村长民宅现状

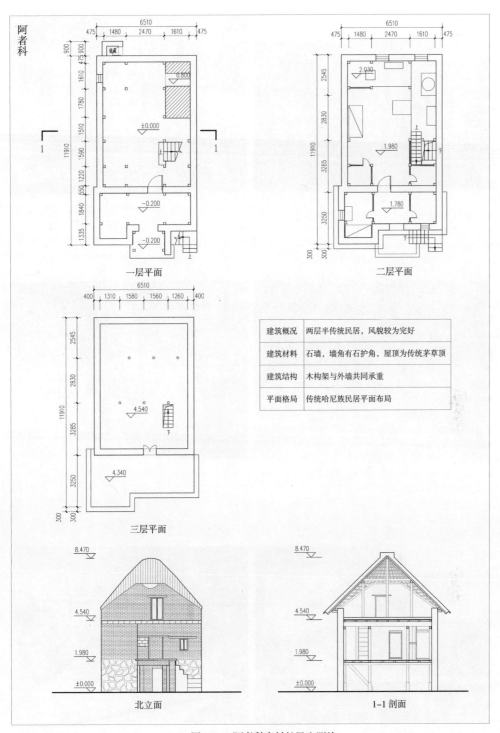

建筑概况	两层半传统民居，风貌较为完好
建筑材料	石墙，墙角有石护角，屋顶为传统茅草顶
建筑结构	木构架与外墙共同承重
平面格局	传统哈尼族民居平面布局

图 1.2-9 阿者科高村长民宅测绘

图 1.2-10 上主鲁老寨李有明民宅现状

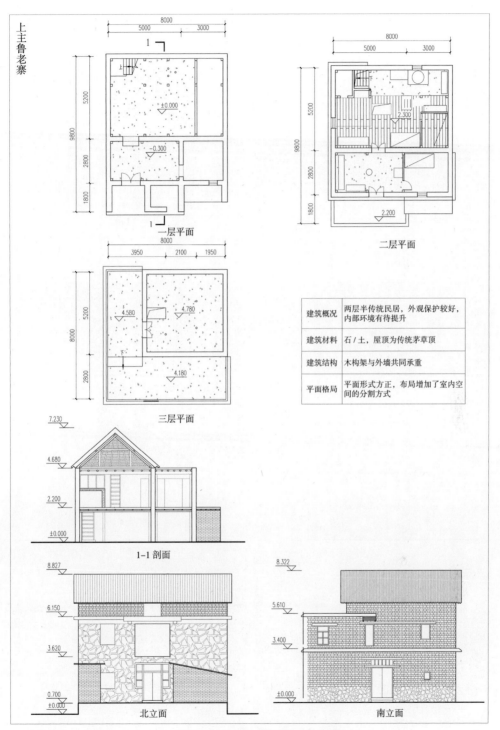

建筑概况	两层半传统民居，外观保护较好，内部环境有待提升
建筑材料	石／土，屋顶为传统茅草顶
建筑结构	木构架与外墙共同承重
平面格局	平面形式方正，布局增加了室内空间的分割方式

上主鲁老寨

一层平面

二层平面

三层平面

1-1 剖面

北立面

南立面

图 1.2-11　上主鲁老寨李有明民宅测绘

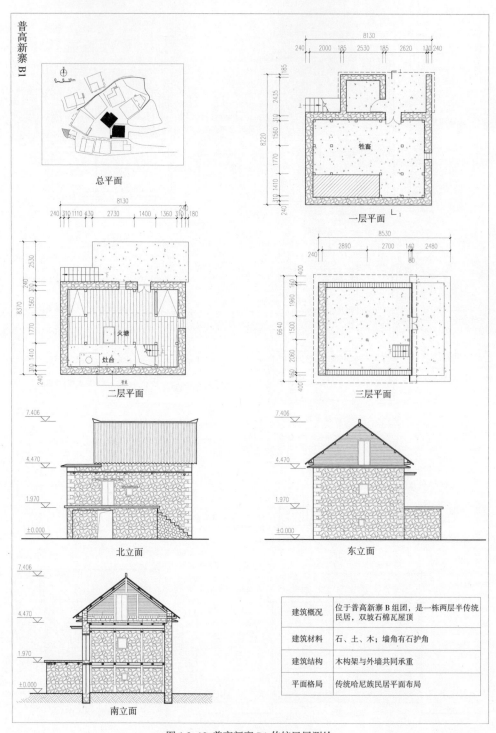

普高新寨 B1

总平面

一层平面

二层平面

三层平面

北立面

东立面

南立面

建筑概况	位于普高新寨 B 组团,是一栋两层半传统民居,双坡石棉瓦屋顶
建筑材料	石、土、木;墙角有石护角
建筑结构	木构架与外墙共同承重
平面格局	传统哈尼族民居平面布局

图 1.2-12 普高新寨 B1 传统民居测绘

建筑概况	位于普高新寨 D 组团，是一栋两层半传统民居，双坡石棉瓦屋顶
建筑材料	一层石头，二、三层土坯砖、木材
建筑结构	木构架与外墙共同承重
平面格局	传统哈尼族民居平面布局

图 1.2–13　普高新寨 D1 传统民居测绘

第二章
传统村落生态环境与民居建造

因循"整体地貌"原则，对元阳山地梯田地区传统村落建造体系的研究包含了村落生态环境及民居建造体系两部分。生态环境是孕育传统村落的重要物质环境要素，村落是梯田存续的重要文化要素，村落与环境互构共生。"四素同构"的村落格局也更加凸显了生态环境的重要性。因此，对地域建造体系的研究不能脱离其所处环境，是环境孕育了独特的建造体系，也是这样的建造体系再次塑造了环境，形成了山地梯田整体地貌。

本章遵循从宏观到微观、力求整体把握当地建造体系特点的原则，分析当前元阳山地梯田整体地貌的现状，一方面理清当地建造体系的地域性特点，另一方面归纳延续地域性下所需要解决的问题。

对传统村落生态环境与民居建造的分析将从三个方面切入：①自然环境；②村庄设施；③传统民居建造体系。首先从山地梯田地区的山体、森林、梯田和水系进行自然环境的现状分析；进而分析道路、广场空地、市政设施及村庄设施的现状及问题，了解当前村庄设施的情况；最终，聚焦于传统民居建造体系的细部探究，从平面布局、结构形式、建筑材料、建造过程、构成要素五个方面逐一分析当地哈尼传统民居"蘑菇房"的特点。

一、自然环境

1. 山体

元阳县处于哀牢山南部，县境北部受红河、南部受藤条江深切，断面成 "V" 形发育，形成中部高、两侧低、由西北向东南倾斜的地势[1]。此区域山脉连绵起伏，山高坡陡，哈尼族人世代生活在这里，大山是他们生命中不可分割的一部分，构成了其生产生活的场所。

元阳哈尼梯田地区的海拔在 2000 m 左右，自然资源丰富，气候宜人，有 "一山分四季，隔里不同天" 的独特立体气候。一般情况下，哈尼族人选择在海拔1400~1800 m 的上山区建寨繁衍，寨子选择建在山的凹塘处，既能藏风聚气，又能形成亲切的围合感。这里气候温和，上有森林涵养水源，下有梯田供人耕种，为哈尼族人的生产生活提供了良好的生存环境。

以阿者科为例，阿者科周边山体的海拔落差较大，从较低处的 1300 m 左右上升到较高处的 2000 m 左右，而阿者科村则坐落在海拔 1800~1900 m 高度的 "上山区"范围内，这是哈尼传统村落分布的典型海拔高度（图 2.1-1~ 图 2.1-3）。

阿者科周边山体高差起伏较大，坡度普遍在 10% 以上。其中，村落北部有两块明显的陡坡区域，坡度达 25% 以上。阿者科村正选址于山间的一块平地上，平均坡度约为 5%，是该片区域内适宜人类建寨定居的一片土地，其周围山地坡地若不进行改造，则较难转化为农业生产所用。

2. 森林

森林是哈尼传统村落景观的重要组成部分，元阳哈尼梯田遗产区的森林覆盖率高达 67.21%。哈尼族人将森林划分为高山上的水源涵养林、村寨上方的寨神林、村寨周围的风景林等森林区，并且严禁对这些森林进行滥砍滥伐。每年春耕前，哈尼族村寨都会过 "昂玛突" 节，在村寨上方的寨神林中举行祭寨神的活动，由村内的巫师 "咪古" 和 "摩匹" 担任主持，祭祀过程隆重而严肃。用宗教信仰的力量，不断强化族人对森林的神圣感和敬畏之心，在一定程度起到保护森林的作用。

森林对于山地梯田传统村落的人居环境具有重要意义。首先，森林具有涵养水

---

[1] 云南省元阳县志编纂委员会 . 元阳县志 [M]. 贵阳：贵州民族出版社，1990.

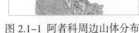

图 2.1-1 阿者科周边山体分布

图 2.1-4 元阳山地梯田生态环境

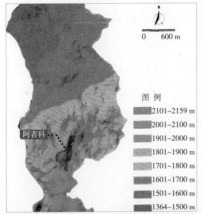

图 2.1-2 阿者科周边山体海拔高度分析

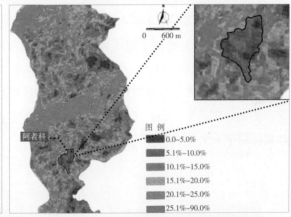

图 2.1-3 阿者科周边山体坡度分析

源的能力。哈尼族流传着俗语"山有多高，水就有多高"，之所以会产生这一现象，其原因就在于森林涵养了水源。森林还是各种物产的大宝库，为哈尼族人提供了建房用的木材、治病用的药材、日常食用的食材等各类生产生活的必需物资。除此之外，森林不仅作为大自然的调温室，调节了地区气候和地表温度，而且起到保持水土、防洪抗旱、防沙固沙、改良土壤、形成山区独特的微气候、防止水土流失和山体滑坡等山区常见的自然灾害、提供良好的山区生态环境、维持其他森林动植物的繁衍生息等作用（图 2.1-4）。

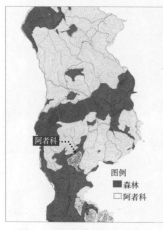
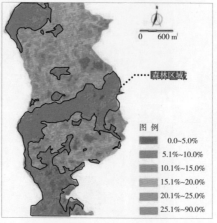

图 2.1-5 阿者科周边森林分布　　　　　图 2.1-6 阿者科周边山体坡度分析

　　因历史上对梯田的大力开发，如今大面积的成片森林多分布于海拔 2000 m 以上的高山地带。在这部分未被人类大规模开发的山体区域中，山林呈现出原始森林的状态。而海拔 2000 m 以下的区域，森林的分布与其所在山坡的坡地相关。以阿者科为例，对比村落周边森林分布与其周边山体坡度的关系（图 2.1-5、图 2.1-6）可以发现，森林的位置与山体坡度在 25% 以上的区域高度吻合。由此可见，坡度较大的地方，森林覆盖率较高，正因为坡度较大的地区不适合开垦梯田，故而区域内的森林被保留了下来。

3. 梯田

　　梯田是哈尼传统村落的重要生产资料和核心景观（图 2.1-7），哈尼族的许多传统民俗和节日都与梯田有关。元阳县现有梯田 1.27 万 hm^2，这些梯田层层叠叠地在山间绵延几公里，在为哈尼族人带来生活保障的同时，还起到保持水土、维持生态平衡的作用（v）。梯田平衡了哈尼族人在生产和生态之间的矛盾，是哈尼农耕文明的重要物质载体和精神象征。元阳地区山多坡陡，原本的地貌不利于小农经济的发展，哈尼族人经过世代探索，将山地开垦为梯田，发展出了独具特色的梯田农业。梯田不但为人们提供了耕作的土地，同时减缓了地表径流的流速，为山地区域的水土保持作出了贡献，实现了人与自然的平衡。据相关研究，相比于自然坡，梯田可以削减 80% 的暴雨径流，削减 95% 的泥沙流失量。梯田这一人工生态系统在物质能量循环总量大幅提升的情况下，保持了其生态结构的稳定性。

图 2.1-7 梯田

图 2.1-8 梯田

对于梯田的位置，哈尼族人会选择坡度相对平缓的山坡，这样做出于三方面考虑：①平缓的山坡"出田率"高，在相同的劳动力下能开垦更多的梯田，且易获得单块面积更大的梯田；②平缓的梯田使得劳作过程更为便捷，无论是上山、下山，还是背扛谷物都更为省力，大大减少了劳动成本；③平缓的梯田在结构上更为牢固，不易发生田埂垮塌，不仅减少了梯田维护成本，也减小了灾害的发生率。

4. 水系

水系是哈尼族人赖以生存的命脉，也是哈尼传统村落整体地貌各要素之间的纽带。水系发源于高山区的原始森林中，哈尼族人将流淌的山泉、溪流用沟渠引入村落之内，为人们的生产生活提供必要的水源。水系穿过村落后进入梯田，为农业耕种提供灌溉用水，之后流入区域河流之中，最终汇入元江。在这一过程中，水系连接了森林、梯田、村落，融合了人工环境和自然环境，完成了自然物质要素之间的能量循环。

哈尼族人在水资源分配上建立了一套独特的"分水木刻"制度，对村落内各户获得的水量进行控制。可获得的水量由各家各户协商确定，通过在灌溉沟渠与梯田的结合部位设置可调节的横木，控制灌溉沟渠流入梯田的水量。这种灌溉水源分配制度确保了用水的公平性。

哀牢山区降水充沛，山间水系众多，形成了者那河、大瓦遮河、麻栗寨河等元江流域众多的支流，密密麻麻地分布于县域内连绵的山体中（图2.1-9）。

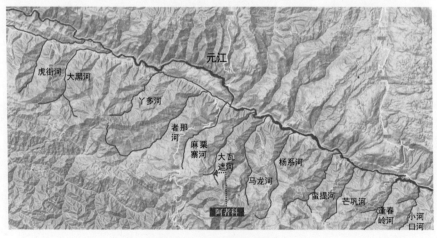

图2.1-9 元江南岸水系分布

　　用 GIS 软件模拟阿者科周边的山体汇水情况（图 2.1-10），对比阿者科周边水
系的现状（图 2.1-11）可以发现，在如图 2.1-12 所示的红圈位置，用 GIS 软件模拟
得到的两条汇水线是较为主要的水流通道，而现状水系在此处断开，没有形成连续
的水流通道。可见，此处是现状水系排水不畅之处，在今后的区域水系疏通中，应
当对该区域的河道沟渠进行打通。

图 2.1-10 阿者科周边
山体汇水分析

图 2.1-11 阿者科周
边水系分布

图 2.1-12 现状水系与模拟汇水对比

二、村庄设施

1. 道路

　　道路是村落的骨架，不仅决定了村落的整体布局结构，还是村民出行和村落物
资运输的重要载体。元阳山地梯田地处山区，村落内高差大、地形复杂，路网布局
所受的限制也比较多，其布局方式呈现出一定的地域特色。

　　1）路网形态

　　哈尼传统村落历史悠久，多为自发形成，村落路网形态较为自由。以下将哈尼
传统村落的路网形态归纳为枝杈式、网格式、组合式三种。

　　（1）枝杈式

　　枝杈式路网形态类似树枝，有一条较为明显的主干，其余次级道路从主干出发，
向四周延展，深入地块内部。由于具体地形的不同导致村落布局的不同，枝杈式路
网又可以分为单边生发枝杈式（图 2.2-1）和双边生发枝杈式（图 2.2-2）两种子形态。

　　平安寨和普高新寨是"单边生发枝杈式"格局的代表，村落路网中作为"枝"

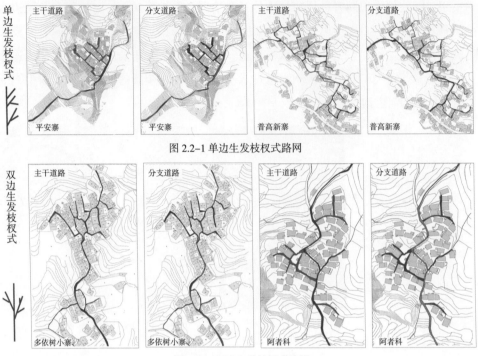

图 2.2-1 单边生发枝权式路网

图 2.2-2 双边生发枝权式路网

的主干道路位于村落一侧，沿着边界而过。而作为"权"的分支道路则向主干道路的某一边呈单向延展。

多依树小寨和阿者科是"双边生发枝权式"格局的代表，村落路网中作为"枝"的主干道路垂直山地等高线，由南向北延伸，从中间位置穿过村落。而作为"权"的分支道路同主干道路连接，并向两边生发延展，深入地块内部。

山地地形给道路的建设带来了一定的影响，以普高新寨和平安寨为例，道路背村一侧坡度分别为 31°、37°（图 2.2-3），导致大部分道路都是以单边路网形式生发。

此外，相比于其他形式的路网，枝权式路网的分支道路多呈现单向生发而不相互环通的规律，即存在诸多"断头路"（图 2.2-4）。这对于路网整体的通达性和流量承载力显然是不利的，一旦村落规模较大，人流、物流通行流量增加，那么该种路网便会无法满足通行需求。

（2）网格式

网格式路网是哈尼传统村落中较为常见的一种路网布局模式（图 2.2-5）。当村

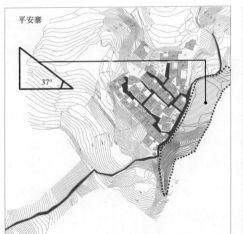
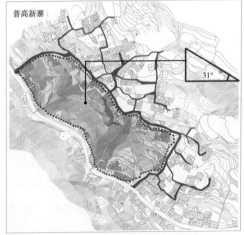

图 2.2-3 平安寨、普高新寨主路一侧山地坡度分析

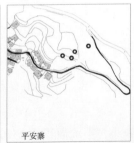

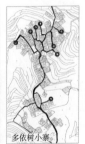

图 2.2-4 枝杈式路网断头路分析

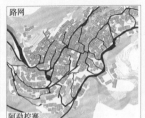
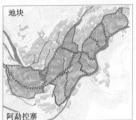

图 2.2-5 网格式路网

落发展到一定规模时，原先自由分散的一条条道路逐渐相交，形成网格式路网。该种路网模式下，各道路之间相互环通，形成一个个区块。相比于有诸多断头路的枝权式路网，网格式路网的交通效率大大增加，因此网格式路网的村落普遍比枝权式路网的村落规模更大。

（3）组合式

组合式路网是一种规模较大、结构较复杂的路网模式（图 2.2-6）。在村落的中心部分，由于路网发育较为完善，各道路之间相互交叉形成环通的格局，呈现出网格式路网的特征；而在村落的边缘部分，村落正处于扩张生长的形态中，道路也处于生长发育阶段，故而呈现出向村落四周发散的枝权式形态。因此，组合式路网是枝权式路网和网格式路网的结合体，兼具两种路网的特征。

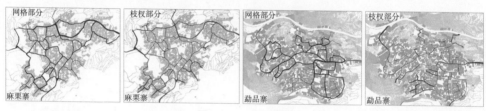

图 2.2-6 组合式路网

2）路网形态与村落规模

按照哈尼传统村落采用的路网形态类型，结合村落的面积数值（图 2.2-7），进行归类，如图 2.2-8 所示。

采用枝权式路网的村落面积普遍较小，平均面积约 25100 m²，且四个面积最小的村落皆采用枝权式路网；采用网格式路网的村落，其面积较为适中，平均村落面积约 52600 m²；采用组合式路网的村落面积最大，平均面积约 107100 m²，其中麻栗寨是哈尼梯田遗产区内面积最大的自然村落。

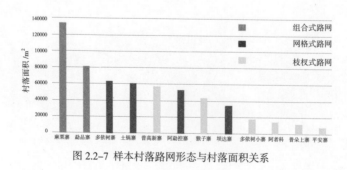

图 2.2-7 样本村落路网形态与村落面积关系

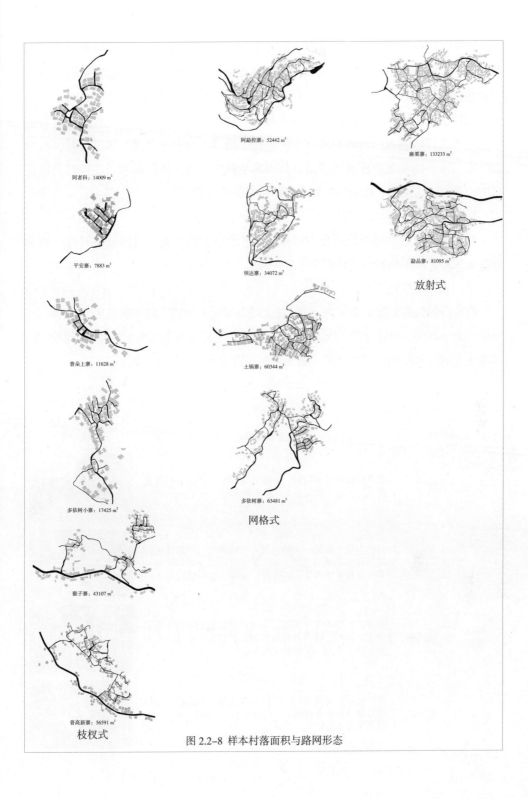

图 2.2-8 样本村落面积与路网形态

枝杈式路网是一种较为初级和原始的路网结构，采用此路网类型的村落普遍面积较小，处于村落发展的初期，村落对于交通流量的需求不大，枝杈式路网尚能应对。当村落发展到一定程度、规模扩张时，此前的枝杈式道路开始相互交叉，形成相互环通的网格式路网。这种路网的交通承载力明显增强，可以适应村落规模发展带来的交通增长需求。当网格内的所有空间被住宅填满、村落需要进一步发展时，在村落的边缘又开辟出新的枝杈式道路，从而满足村落不断扩张的需求，使得村落呈现出中心为网格式路网、边缘为枝杈式路的组合式路网形态。

3）路网等级

哈尼传统村落道路系统可分为过境道路和村内道路两类，村内道路可进一步分为村级主路、组团路和宅间路三个层次（表2.2-1、图2.2-9）。

（1）村级主路

哈尼传统村落坐落于山坡之上，村级主路布局受山地地形的影响很大，随山就势，因而较为不规则。对比分析12个调研村落的村级主路分布图（图2.2-10）可以发现，村级主路的分布存在一定的规律，道路普遍垂直或平行于等高线设置。

表2.2-1 各级别道路概况

道路种类		基本情况	现状照片
过境道路		联系村落与其他村镇，一般位于村落外部或沿村落边界而过，道路宽度约为6 m，车速较快	
村内道路	村级主路	村落内最主要的一条路，其一头或两头与村落外部道路相连，是承担村落人流、物流进出最主要的道路，其尺度通常能满足车辆通行，道路宽度一般约为4 m	
	组团路	划分了村落的各个组团，主要承担各组团间的人流、物流，其形式依据具体地形情况，有的为平地，有的为台阶、坡道，道路宽度约为2.5 m	
	宅间路	到达村民各家各户门前的日常性道路，是道路也是村民日常活动的重要场所。其布置依山就势、顺应地形，道路宽度普遍较窄，约为1.2 m	

图 2.2-9 村落道路现状

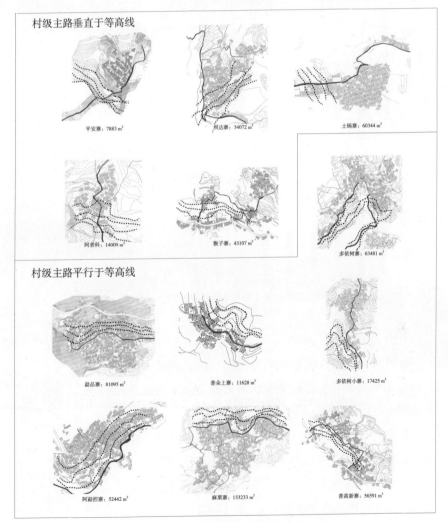

图 2.2-10 样本村落村级主路与等高线关系

对调研村落村级主路与等高线关系及机动车通行情况（图2.2-11、图2.2-12）进行分析可发现，面积较大的村落采用平行布局的比例较高，如面积排名前三的麻栗寨、勐品寨和多依树寨的路网均平行于等高线，且多能满足机动车通行需求。随着村民生活水平的提高，在村落地形条件允许的情况下，平行式路网将逐渐成为主流选择。

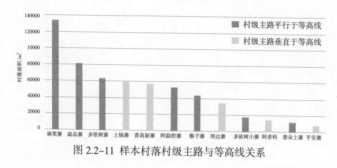

图2.2-11 样本村落村级主路与等高线关系

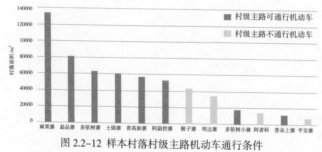

图2.2-12 样本村落村级主路机动车通行条件

（2）组团路与宅间路

组团路与宅间路的布局相对比较自由，视具体的地形和功能要求而有较多的变化，但大致遵循垂直或平行于等高线布置的规律（图2.2-13）。

并非所有的村落都呈现完整的三级路网格局，规模较小的村落路网结构相对单一。部分面积较小的村落，如平安寨，发育尚未完全，村落由村级主路直接分叉出宅间路，无组团路作为过渡（图2.2-14）。

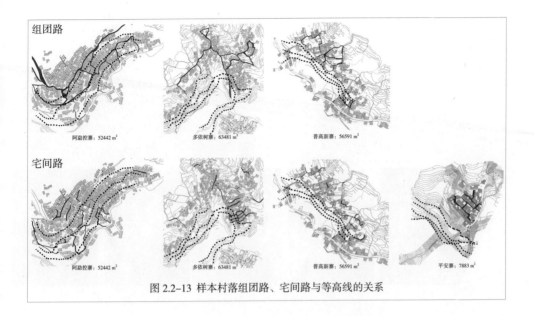

图 2.2-13　样本村落组团路、宅间路与等高线的关系

4）道路宽度

道路宽度是道路通行能力的重要指标，哈尼传统村落建筑布局紧密，道路宽度普遍较小。村级主路宽度在 3~5 m 之间，部分村落村级主路勉强可供机动车通行。组团路和宅间路的宽度分别为 2 m 和 1.5 m 左右，皆无法满足机动车通行条件。

村落中不同等级的道路断面形制可参见阿者科道路断面示意图（表 2.2-2）。

调研道路中，村级主路、组团路、宅间路的道路宽度平均分别为 4.0 m、2.5 m 和 1.5 m，道路等级越高，宽度越宽。

参照《村镇规划标准》（GB 50188—1993）村镇道路规划技术指标的车行道宽度设置要求，哈尼传统村落的现状道路宽度远低于该指标中的数值（表 2.2-3、图 2.2-15）。一方面，哈尼传统村落的交通主要为满足牛马驮拉和步行而设置，道路宽度只需满足人畜通行即可，人们沿道路两旁建设了民房，限定了道路的边界，使得这一格局延续至今。另一方面，由于哈尼传统村落地处山区、地形复杂、经济落后，因此交通状况难以改善。

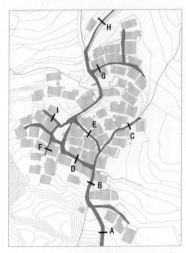

图 2.2-14　阿者科道路剖面位置示意

表 2.2-2 阿者科道路断面

剖面编号	A	B	C	D	E
道路等级	村级主路	村级主路	宅间路	组团路	组团路
道路宽度	2.8 m	1.7 m	1.6 m	3.0 m	2.0 m
高宽比	0	5:2	7:2	2:1	2:1
现状照片					
剖面示意图					
剖面编号	F	G	H	I	
道路等级	宅间路	宅间路	村级主路	宅间路	
道路宽度	2.2 m	1.6 m	1.5 m	2.0 m	
高宽比	3:1	3:1	3:1	3:1	
现状照片					
剖面示意图					

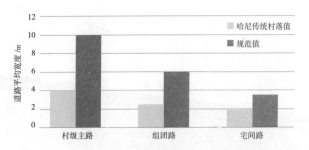

图 2.2-15 样本村落各级道路平均宽度与规范值对比

表 2.2-3 样本村落各等级道路宽度分析表

村落	村级主路宽（m）	组团路宽（m）	宅间路宽（m）
麻栗寨	5.3	2.3	1.5
勐品寨	4.2	2.2	1.3
多依树寨	5.2	3.2	1.9
土锅寨	4.3	2.5	1.7
普高新寨	3.1	2.3	1.7
阿勐控寨	5.5	2.9	1.6
猴子寨	2.6	2.1	1.3
坝达寨	3.8	2.3	1.5
多依树小寨	3.3	—	1.5
阿者科	3.6	—	1.4
普朵上寨	3.1	—	1.6
平安寨	3.8	—	1.5
平均值	4.0	2.5	1.5

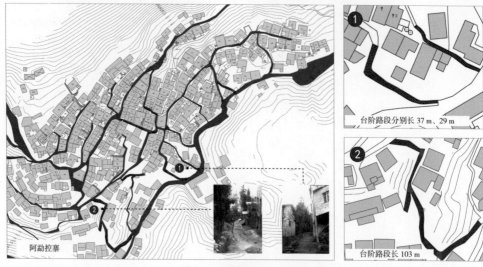

图 2.2-16 阿勐控寨台阶路段

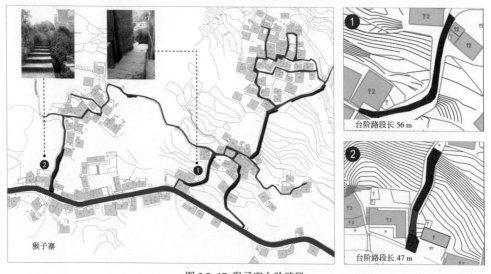

图 2.2-17 猴子寨台阶路段

5）台阶路段

位于哀牢山脉南段的哈尼梯田遗产区中，传统村落皆坐落在有一定高差的山坡之上，村内路网有相当一部分为台阶路段，如阿勐控寨和猴子寨，村落内分布了大量的台阶路段。台阶路段普遍较长，有的长达四五十米，有的甚至上百米（图 2.2-16、图 2.2-17）。

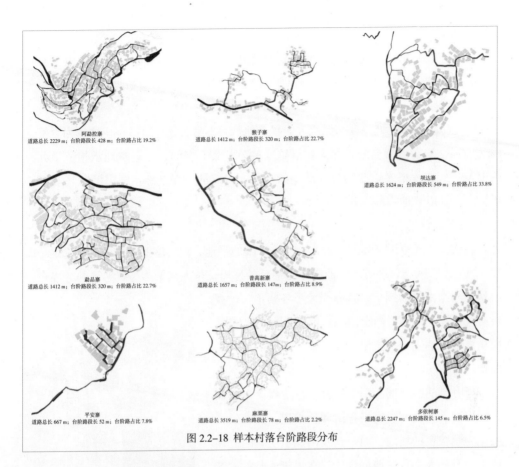

阿勐控寨
道路总长 2229 m；台阶路段长 428 m；台阶路占比 19.2%

猴子寨
道路总长 1412 m；台阶路段长 320 m；台阶路占比 22.7%

坝达寨
道路总长 1624 m；台阶路段长 549 m；台阶路占比 33.8%

勐品寨
道路总长 1412 m；台阶路段长 320 m；台阶路占比 22.7%

普高新寨
道路总长 1657 m；台阶路段长 147 m；台阶路占比 8.9%

平安寨
道路总长 667 m；台阶路段长 52 m；台阶路占比 7.8%

麻栗寨
道路总长 3519 m；台阶路段长 78 m；台阶路占比 2.2%

多依树寨
道路总长 2247 m；台阶路段长 145 m；台阶路占比 6.5%

图 2.2-18　样本村落台阶路段分布

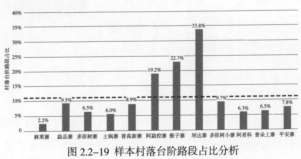

图 2.2-19　样本村落台阶路段占比分析

　　哈尼传统村落样本村落台阶路段占比和分布如图 2.2-18、图 2.2-19 所示。其中，村落台阶路段与道路总长占比从最小的 2.2% 到最大的 33.8% 不等，平均占比为 11.6%，明显高于平地村落。在独特的山区地形下，哈尼传统村落的建设受山地和台地的地形影响较大，对因地制宜提出了较高的要求。

2. 广场空地

广场空地是哈尼传统村落内部重要的公共空间。由于地势起伏大，村内少有集中的大型场地，为数不多的广场空地便成了村内重要的公共活动场所。

1）传统型广场空地

哈尼传统村落地处山区，保留大面积平地殊为不易，且建筑排布往往较为紧密，因此广场空地的设置受限。作为村落重要的公共集会空间，广场空地承担了举办村落内节日庆典等诸多重要的公共活动的功能。传统的广场空地主要以磨秋场和寨心场为主，辅以其他零碎空地。

（1）磨秋场

磨秋场一般位于寨脚的位置，是一块开阔的平地，在村落发展之初便被选定（图2.1-20）。磨秋场背靠村落，面向寨脚绵延的梯田，是人类聚落与自然界的分界点。磨秋场周围由植物围合，其面积大小各寨不一，视村落规模和具体地形而定，面积小者仅几百平方米，面积大者可达上千平方米，如全福庄大寨的磨秋场面积达 1500 m^2。

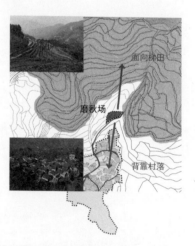

阿者科的磨秋场（图2.1-21）位于村落下方靠近梯田处，场地上设有祭祀房和秋千架。其在农忙时作为晒粮食的场地，而一到农闲和节庆日时，便成了哈尼族人举行庆典的场所。在每年六月的"苦扎扎"节上，人们在磨秋场上荡秋千，骑磨秋，祭祀神灵，庆祝丰收的喜悦的同时，也向神灵祈求来年风调雨顺。

图 2.2-20 磨秋场在村落中的位置

（2）寨心场

寨心场一般地处哈尼传统村落的中心位置，在村落建立之初，由主持祭祀的"咪古"选定，并立寨心石为标志。之后，村落将围绕寨心场向四周发展。

阿者科的寨心场位于村落中部偏下的位置（图2.2-22）。场地面向北方绵延的梯田，视野开阔。场地上有多株参天大树，每到夏天，树荫茂密，是村民日常休闲的重要场所。

（3）其他场地

除了磨秋场和寨心场之外，哈尼传统村落内其他的广场空地皆为生活性的场地。

图 2.2-21　阿者科磨秋场

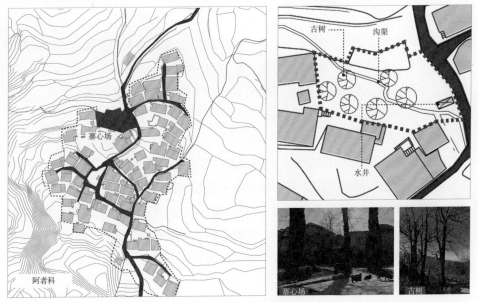

图 2.2-22　阿者科寨心场

阿者科村落内主要有 4 处其他类型的广场空地，如图 2.2-23 所示，其中 1 号场地用作村民日常休闲广场，在场地上建有亭子和供儿童游玩的设施，其他三处场地皆用于村民日常生产生活，如养猪养牛或堆放杂物等。

2）异化型广场空地

在近年村落的发展中和旅游产业的带动下，哈尼传统村落受到现代文明的冲击，出现了越来越多的异化现象。在这些村落中，传统的哈尼传统民居被拆除，取代为新建的现代红砖房；原有的道路被拓宽，以满足机动车的通行需求。村落内的各项设施都在向"现代文明"靠拢，生成了非传统型的广场空地。

（1）旧类型的异化

现代文明带来生活方式的改变，传统的磨秋场、寨心场被改造为其他用途或完全消失不见。

这其中，机动车带来的影响最大。机动车普及率的增加使哈尼传统村落内对于停车场地的需求越来越大，导致许多广场空地被改建成停车场。如图 2.2-24 所示的勐品寨村落内，1 号、2 号场地原为村内的日常生活性场地，过去常常用来拴养耕牛和放置大型农业生产用具。两块场地紧邻勐品寨内可通机动车的路段，且面积较大，方便停车和回车，在勐品寨依靠老虎嘴梯田发展旅游经济、村民经济收入增加、机动车保有量增长之后，两块场地长期被各类机动车所占用，逐渐异化成村内最重要的停车场。

此外，传统文化的衰落也是旧有广场空地异化或者消失的重要原因。勐品寨 3 号场地位于村落最南边的靠近梯田处，原为磨秋场。由于现代文明的强势涌入和对传统文化保护的力度不够，村落传统的神性空间失去了使用的基础，导致该场地现在被用于堆放杂物。

（2）新类型的出现

传统广场空地空间出现异化，伴随着新广场空间的出现。

首先是旅游发展带来的新型广场空间（图 2.2-25）。2013 年哈尼梯田遗产区成功列入《世界遗产名录》后，吸引了大量的游客到此地旅游观光，紧靠老虎嘴梯田观景台的勐品寨因此得到大力发展，在村落的西北角建立了游客服务中心。游客的到来给村落的人流组织空间提出了一定的要求，于是便出现了 4 号场地的旅游集散广场。

其次，教育设施对于大型空地的需求也带来了新的广场类型，其中最重要的就

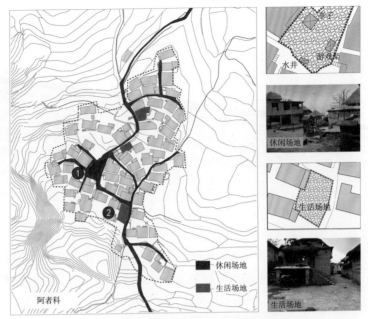

图 2.2-23 阿者科村落内其他场地

图 2.2-24 勐品寨旧有场地类型

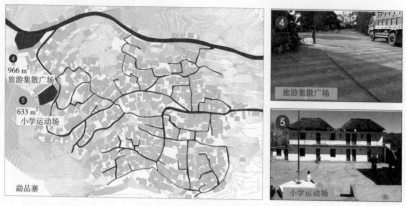

图 2.2-25 勐品寨新类型场地

是小学。小学对于设施的需求除了校舍之外，还有必要的学生活动场地。图 2.2-25 所示的勐品寨 5 号场地便是勐品小学的活动场，其面积达到了 633 m²，是村内面积第二大的广场。

此外，现代运动娱乐设施也为哈尼传统村落带来了新的空间类型。体育下乡等政策的扶持，使得各村落纷纷在村内较大的空地上布置运动器材供村民使用，从而形成了村内的运动场地（图 2.2-26）。

3. 市政设施

1）传统沟渠系统

沟渠系统是哈尼传统村落内最为重要的水利设施。沟渠系统不但输送生活用水，疏排雨水和生活污水，更是哈尼族人引水灌溉梯田的重要设施。沟渠系统由大渠和小沟组成，大渠为主干，将寨子分割成若干片区，小沟为辅助，犹如毛细血管深入各家各户，有主有次，结构清晰，保障了哈尼族人的日常生产生活用水（图 2.2-27、表 2.2-4）。

大渠将水从山上引来，蜿蜒穿过村落，而村民日常生活产生的污水以及雨水则由小沟汇入大渠之中，并和自山上引来的水一道作为灌溉用水，最终进入村落下方的梯田。

（1）大渠

大渠是村内排水系统的主干，其走向大多垂直于村寨内的等高线而布局，高差较大，如此布局能增大渠内水流的速度，有利于山洪的快速疏排。大渠连接着村寨

图 2.2-26　坝达村内的篮
　　　　　球场

图 2.2-27　传统沟渠现状

上方的水源，渠内常年有水流淌，源源不断地向梯田提供着灌溉用水。

　　在具体布局位置选择上，大渠常与村内的主干街巷结合，位于路面一侧或中间。若是位于一侧，则多采用明渠的形式；若是位于中间，因为开敞的渠面会对道路的使用产生影响，故而在大渠之上铺以石制盖板，铺设时每隔一段留出 20 cm 左右的透气口，形成暗渠（图 2.2-28）。大渠建造以当地石材砌筑为主，也有个别区段渠壁和渠底皆为自然土石。

　　（2）小沟

　　小沟是村落排水系统的分支，常位于民居的宅前屋后，其主要功能为疏排村民日常生活污水和下雨时房前屋后的雨水。

表 2.2-4　哈尼传统村落传统沟渠系统构成

名称	沟渠系统中的定位	分布位置	是否常年有水流	宽度	现状照片
大渠	主干	多位于村落主要道路旁	是	20~70 cm	
小沟	重要组成部分	多位于宅前屋后	否	20~30 cm	

在具体布局位置上，小沟大多围绕建筑的墙根而设，周圈环通，下雨时能有效地疏排雨水至大渠中（图2.2-29）。因为哈尼传统土坯房采用土石建造，雨水的浸泡对墙体极为不利，而小沟的设置对于保护民居墙体结构的稳定起到了重要的作用。小沟的材料以石砌为主，也有个别靠近梯田处的部分采用天然土石。小沟为明渠，由于其承担的功能特点，沟内并不常年有水流淌，很容易堆积泥土、牲畜粪便等，因而需要经常对沟段进行清理。

除了对生活污水和雨水的疏排，小沟还有一个特殊的功能，那就是"冲肥"。哈尼族民居每家每户都有一个"肥塘"，用来储存饲养牲畜所产生的粪便。每家的肥塘连接着小沟，当春耕来临，梯田需要施肥时，哈尼族人便将肥塘内的肥料用水冲至小沟内进而进入大渠，最终流入寨脚的梯田之中，滋养农作物。小沟作为连接肥塘和大渠的通道，是整个冲肥设施的重要组成部分。

（3）沟渠断面

哈尼传统村落的沟渠尺寸依据功能和水流量来确定。大渠的宽度在30~60 cm之间，上游水流量小，故而做得较窄，一般为30 cm左右；下游水流量大，相应的尺寸也变大，靠近梯田处的渠段局部宽度可接近60 cm。沟渠分段的设计方法，既能满足村落排水的需求，又在最大程度上节省了人力、物力。小沟则没有上下游之分，因而村内各部分小沟的宽度较为统一，普遍为20 cm左右（图2.2-30）。

在沟渠的深度设计上，经过长期实践，哈尼村民最终确定约1:1的深宽比。因为若是沟渠深度过大，易造成沟渠高宽比过大、结构不稳，从而引发渠壁倒塌。而若是沟渠深度过小，则在相同的截面面积的情况下，需要更宽的沟渠宽度，这也意味着占用更多的道路空间。

2）给水系统

哈尼传统村落中的给水设施主要包括蓄水池和水井两种（表2.2-5）。

由于地处山地，地表径流较快，且区域内没有大面积的集中水域可作为水源，因而，留住从山上流淌下来的水流成了解决哈尼族村落人畜生活用水的关键。哈尼族人用蓄水池和水井这两种给水设施解决了村落自我给水问题。蓄水池分布在村寨上方用来储水，通过水管连接，源源不断地向水井供水，这样就形成了一个水源有机更新的良性供水系统。

（1）蓄水池

蓄水池是村落供水系统的水源供应设施，其外观一般为方形，由砖砌筑或钢筋

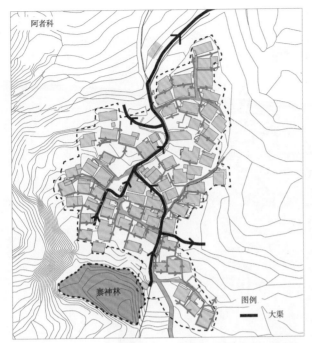

图 2.2-28　阿者科大渠分布

明渠

暗渠

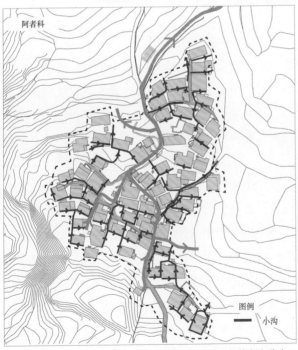

图 2.2-29　阿者科小沟分布

硬质沟面

土石沟面

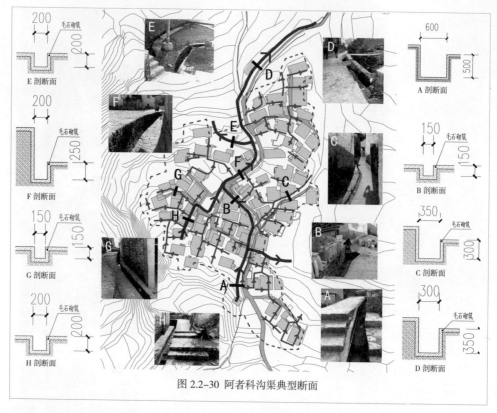

图 2.2-30 阿者科沟渠典型断面

混凝土浇筑。蓄水池上部有盖板，防止杂质落入。蓄水池有两个对外连接口，一个连接山上的溪流，用以引水入池，另一个连接管道，向村落供水。此外，还设有一个溢水口，用以排泄满溢的水。

蓄水池一般位于村寨上方，靠近寨神林处或其他地势较高的位置，以方便利用高差向村内供水（图 2.2-31）。

蓄水池主要有三个功能：一是存储水源。在哈尼传统村落所在的山区，地形高差大，山中水源容易顺着地表流走，很难形成有效的集中水域，一旦降水减少或发生旱情，村落将面临缺水的风险。蓄水池的使用则将快速流动的溪水截留储存起来，避免其白白流走，调控了水资源在时间上分布不均的问题，有效地保障了村落人畜饮水安全。二是净化水源。山上流淌而来的天然水流通常带有泥土、砂砾等各类杂质，而储存到蓄水池内的水经过静置，水中的各类杂质得到沉淀，大大提高了水源的水质。三是调节供水。水源被存储起来之后，村民便可以根据村内日常的用水量，调节蓄水池处的供水阀门以控制流量大小，避免了水资源浪费。

表 2.2-5　传统给水设施

设施类别	给水设施现状	现状照片
蓄水池	位于村寨上方，靠近寨神林处，由砖砌筑，混凝土抹面，其上有盖。通过管道将蓄水池内的水引入村内	
水井	散布于村内，其形制为高出地面几十厘米到 1 米不等的长方形池槽，用以储存从山上引下来的山泉水，池槽上方置石板或茅草顶，保护水源不受污染	

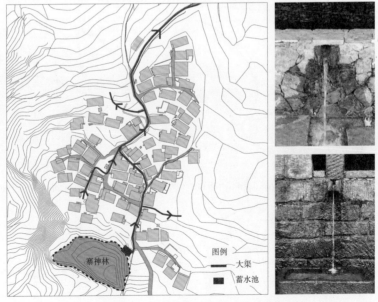

图例
—— 大渠
■ 蓄水池
寨神林

图 2.2-31　阿者科蓄水池位置及实景照片

（2）水井

井是哈尼传统村落给水系统的终端设施，水井散布在村内各处，服务于村落各个片区的村民。哈尼族人对水井十分重视，每年的"昂玛突"节，除了祭祀寨神林之外，另外一项重要的活动就是祭祀水井，村民在水井边杀鸡祭祀水神，以祈求来年风调雨顺。

水井分布具有一定的规律，主要受输水条件和对象控制。针对输水条件，水井多临近大渠，因为在过去，水井内的水是经过村内的大渠输送到水井中的。现在，水井内的水是通过水管输水的，这种新的输水方式对水井的分布也产生了一定的影响，阿者科和坝达两村最北端的水井均没有紧靠大渠布置便是例证。针对输水对象，选址已具有服务范围意识。以阿者科为例，村内共有 6 口水井（图 2.2-32），每口水井的服务半径普遍在 20~30 m 之间，距离水井最远的村民，其距离也不超过 40 m。坝达寨的水井布局相较阿者科稍显稀疏（图 2.2-33），但除了东南部的个别住户之外，大部分的民居到水井的距离都控制在 30 m 左右，这样的布置保障了每户人家都能够方便快捷地取水。

水井类型分两种：①地下水水源出水口储水池。此类型的水井数量较少，且普遍较为古老，保留了最为传统的水井建造样式。哈尼族人对于水源的重视造就了哈尼古水井独特的样式。地下水涌出后在地表形成水面，为保护水源不受污染，村民

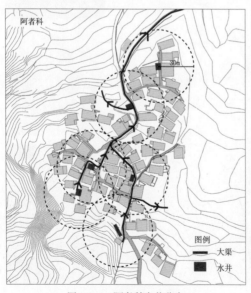

图 2.2-32 阿者科水井分布

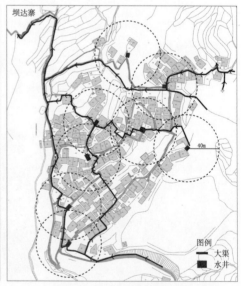

图 2.2-33 坝达寨水井分布

在其上加建构筑物。如箐口村所保留的古水井,其上加建了顶盖,并以两根立柱支撑,形成了一个三开间的构筑物(图2.2-34)。这种水井的形制具有明显的建筑性,相比于一般水井只留一个取水口的做法,哈尼族传统水井更为庄重和具有仪式感。② 储存山泉水的储水池。哈尼传统村落自然涌泉数量较少,村落内的大部分水井皆为储水槽式的水井。此形制的水井用当地毛石砌筑,其主体为高出地面几十厘米到1 m不等的长方形池槽,用以储存从山上引流下来的山泉水。池槽上方置顶以保护水源不受污染。顶的形式有两种,一种为单纯的石板(图2.2-35),另一种在石板上加盖同民居类似的茅草顶(图2.2-36)。

哈尼传统村落中的水井承载了哈尼族人日常生活的部分公共活动,将人们聚集到水井边。水井边设置了洗涤槽(图2.2-37),现在仍常常能看到哈尼妇女们在水井边一边洗衣、一边聊天的场景。因此,水井逐渐演变成村落内重要的社交空间。虽然现在个别村落的农户家中通了自来水,但村民们还是愿意来到水井处取水或者直接在水井边清洗(图2.2-38)。

3)电力电信设施

电力电信设施是为村落提供电能和各类通信信号的基础设施,是哈尼传统村落现代化过程中重要的配套设施。

目前,大多数村落的电力电信线路均采用外露架设的方式,村落内电线杆林立,电线密布,电力电信设施终端设备的位置和外观也没有经过良好的规划设计,这些现象不但对传统村落的风貌产生了极大影响,同时也造成了很大的安全隐患(表2.2-6)。

在设施普及率方面,元阳山地梯田地区哈尼传统村落的电力设施普及率较高,供电入户率约为100%。但电信设施普及率低,仅中心集镇和旅游开发较好的村落配有完善的电话、电视和网络设施。

图2.2-34 箐口村古水井　　　　图2.2-35 石板顶水井　　　　图2.2-36 茅草顶水井

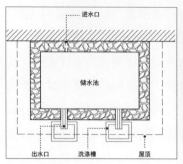
图 2.2-37 水井典型平面

图 2.2-38 井边洗菜的哈尼妇女

表 2.2-6 电力电信设施现状

设施类别	存在的问题	调研照片	
电力电信线路	电线杆林立，线网密布，破坏风貌，同时还存在安全隐患		
中转、终端设备	设立的位置没有经过良好规划，外观材料破坏村落传统风貌		
大型通信信号塔	装置体量过大，外观突兀，破坏村落风貌		

4. 环卫设施

1）垃圾桶和垃圾收集点

（1）垃圾桶

分散在村落各处、收集村民日常生活垃圾的设施。

调研中发现，村落内几乎没有沿路设置的垃圾桶，随着现代文明的涌入和外来游客的增多，哈尼传统村落内产生的垃圾与日俱增，许多垃圾被随意丢弃在路边和沟渠内，破坏村落环境，污染灌溉水源（图2.2-39）。

（2）垃圾收集点

将村落内的垃圾集中堆放、等待转运的设施。

实地调研中，除了旅游较为发达的普高老寨内有一垃圾房外（图2.2-40），调研时哈尼传统村落中几乎没有看到垃圾集中堆放的设施，该类设施的建设亟待加强。

2）公共厕所

传统哈尼村寨中，村民民宅内部没有厕所，因此公共厕所是村内居民排泄物的主要集中处理设施（图2.2-41）。

公共厕所的形制有两种：旱厕、水厕。

（1）旱厕

上部是蹲位，其下是承接排泄物的肥塘。

旱厕均位于村内的大渠旁，有沟渠连通厕所和大渠，以方便"冲肥"和清洗厕所（图2.2-42、图2.2-43）。

（2）水厕

一种特殊的厕所形式，其整个建筑犹如桥一般直接横跨在大渠之上，蹲位的下方即是流动的渠水（图2.2-44、图2.2-45）。

水厕由于排泄物直接被水冲走，因此厕所整体的卫生环境较旱厕大大提高。但也正是因为此原因，水厕对大渠内水体的污染较大。在村落环境污染日益严重的今天，水侧已不适应当代环境需求。

哈尼传统村落内的公共厕所普遍存在数量不足以及建设质量较差的问题。如阿者科内仅寨脚处有一座公共厕所，无法满足村落上部村民的使用需求（图2.2-46）。坝达村内厕所数量稍多（图2.2-47），但其建造质量有待提高，厕所内没有必要的冲洗清洁设备导致其环境质量较为恶劣。同时，蹲位的开口处没有必要的防护措施，容易导致失足跌落的情况发生。

图 2.2-39 村内随意丢弃的垃圾

图 2.2-40 普高老寨　　　　　图 2.2-41 公共厕所现状
垃圾收集点

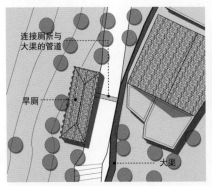

图 2.2-42 旱厕与大渠的关系　　图 2.2-43 旱厕实景

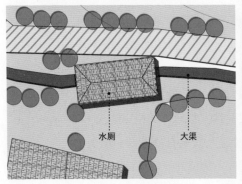

图 2.2-44 水厕与大渠关系　　　图 2.2-45 水厕实景

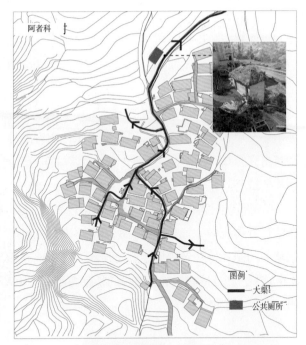

图 2.2-46 阿者科公共厕所分布

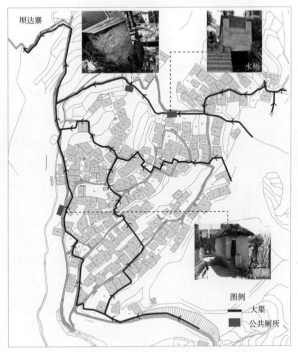

图 2.2-47 坝达村公共厕所分布

　　3）肥塘

　　肥塘是哈尼传统村落中重要的环卫设施，用以收集处理牲畜粪便。因此，肥塘一般同猪圈或牛圈伴生，位于其一侧（图2.2-48~图2.2-50）。肥塘的形制分为两种：平地式、矮墙式。

　　①平地式。将猪圈或牛圈旁的一块平地作为肥塘，不设任何围挡设施。该种肥塘形制简单，但遇雨天时，粪便经雨水冲刷容易导致污水横流。②矮墙式。以砖石砌筑出高约0.7 m的矮墙，围合出一定区域作为肥塘。该种形制的肥塘不会造成污水横流的情况，对于环境的保护效果较好。

　　哈尼传统村落的肥塘一侧紧靠猪圈或牛圈，另一侧往往和小沟相通（图2.2-51）。在哈尼族传统中，每年春耕、梯田需要大量肥料时，村民便采取"冲肥"的方法将肥塘内的肥料运送到梯田中。哈尼族人巧妙地利用沟渠设施完成了施肥的过程（图2.2-52），其具体方式为肥塘内的牲畜粪便用水冲入小沟，再流入大渠，最后到达梯田，滋养农作物。

三、传统民居建造体系

　　哈尼传统民居"蘑菇房"的建造体系是在演化过程中逐渐形成，体现出哈尼族人的生活智慧。本书在广泛调研哈尼传统民居的基础上，选取多依树寨保留完整的两栋"蘑菇房"B1、B2进行详细测绘和三维建模，B1、B2传统民居在外观造型、内部空间形式、建造方式及建造材料方面都较好地保留了传统民居的特色要素，是当前哈尼传统民居建造模式的典型代表。下文通过对B1、B2传统民居的详细分析，从平面布局、结构形式、建筑材料、建造过程和构成要素等五个方面对"蘑菇房"建造体系进行归纳总结（图2.3-1~图2.3-7）。

1. 平面布局

　　哈尼传统民居的功能空间主要包括堂屋、餐厅区域、厨房区域、卧室、祭祀间、储藏室、平台、牲畜房、院子等。传统民居平面划分简单且布局自由，但基本可视作以木柱为坐标的隐形连接线形成的网格进行划分。平面以网格划分为基础，四周为功能空间，围绕出一个中心空间；同时，平面空间与功能分区不完全固定，一个大空间里往往并置几种功能。

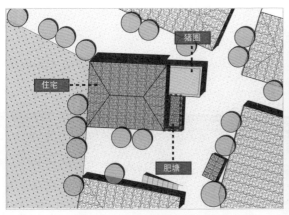

图 2.2-48 肥塘在民居中的位置

图 2.2-49 平地式肥塘

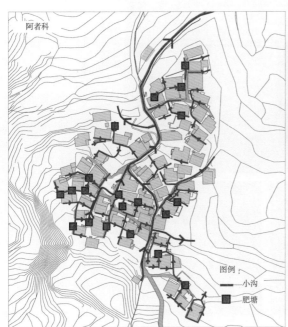

图 2.2-51 阿者科肥塘分布

图 2.2-50 矮墙式肥塘

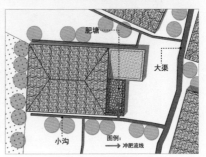

图 2.2-52 冲肥流线示意

图 2.3-1 多依树寨 B1 传统民居

图 2.3-2　多依树寨 B1 传统民居剖透视

图 2.3-3 多依树寨 B2 传统民居

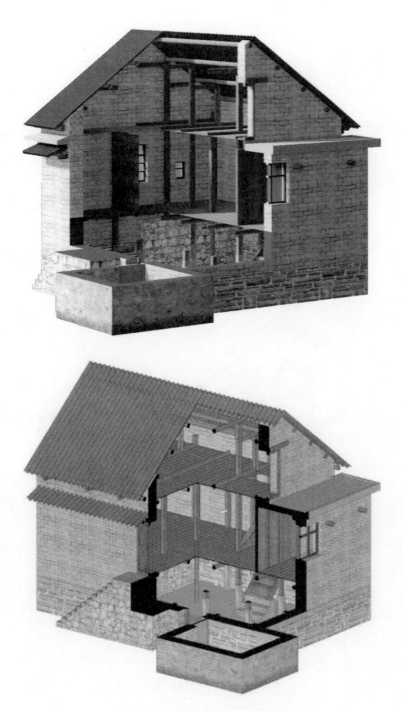

图 2.3-4　多依树寨 B2 传统民居剖透视

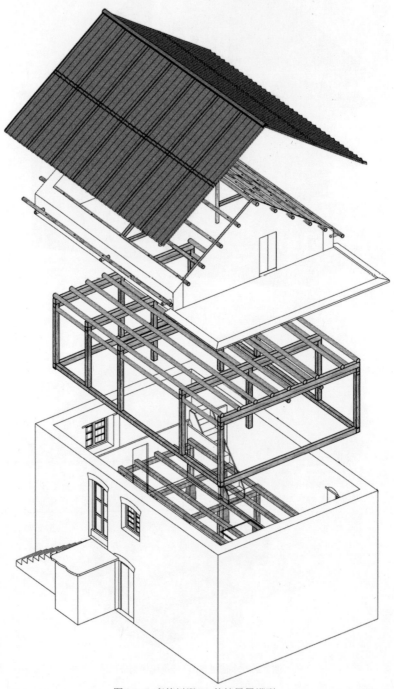

图 2.3–5 多依树寨 B1 传统民居模型

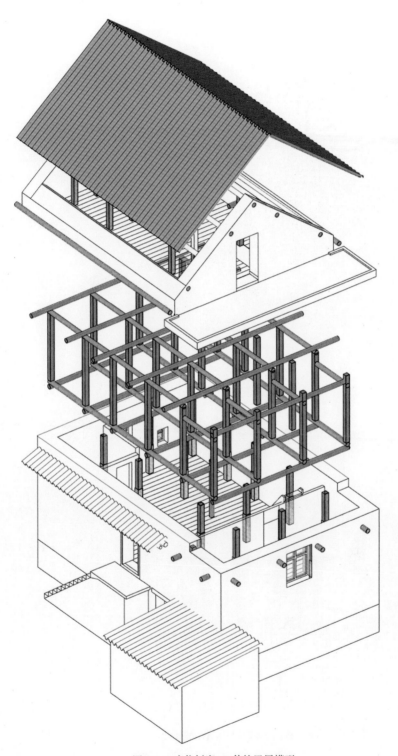

图 2.3-6 多依树寨 B2 传统民居模型

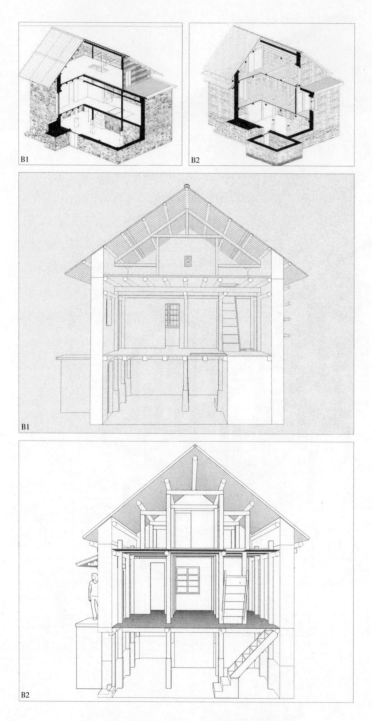

图 2.3-7 多依树寨 B1、B2 传统民居模型分析

传统民居一般为两层半,屋顶加盖局部坡屋面。主体平面为矩形,进深约6 m,面宽约9 m。底层一般是牲畜房,层高较低,村民需要通过室外台阶上到二层平台才到达室内。二层为哈尼族住宅空间的核心,由中柱、火塘、灶台、神龛、男主人床、女主人床、谷仓等构成,各自具有特定的功能、技术和信仰内涵。中柱是建房时第一根竖立的柱子,起到定位作用,柱径比其他柱子略大,在日常生活中具有神圣意义,不可随意触碰;火塘宽70~80 cm,长约1 m,是哈尼族主要的炊事、取暖、烘干设施;火塘中的三角铁环不仅是烹饪工具,也是家族繁荣稳定的象征;火塘上方的"蔑筐"用来悬挂腊肉,借用火塘的烟熏功效;灶台靠近火塘,平时用于煮猪食,只在举办婚事、丧事时用来煮饭;灶台边的外墙上开一洞口,是房内唯一一窗户,主要用于排烟;小窗旁挑出一个竹篾台为神龛,用于祭祀祖先;男主人床在入口旁靠墙摆放,近火塘有利于取暖;"三块板"指在火塘和男主人床之间的三块长2.1~2.3 m的木板,家中男性长者去世后,尸体会停放于此直至出殡,丧礼结束后要将三块板翘起翻面,象征男主人的更替;女主人床位于建筑一隅,常用蚊帐或隔墙围合;谷仓常位于楼梯上夹层,下方悬空以保持干燥[1]。三层为坡屋顶,净高较低,用于储藏,外部则为晾晒平台(图2.3-8、表2.3-1)。

1)堂屋

在哈尼传统民居中,堂屋是最重要的功能空间,位于二层中心位置,综合了起居、会客、祭祀和餐厅的功能。户主的大部分日常活动如会客、煮食、娱乐、生产、祭祀等都在堂屋进行。堂屋的空间形式以矩形为主,以中间一排柱子为界,划分为前后两部分。

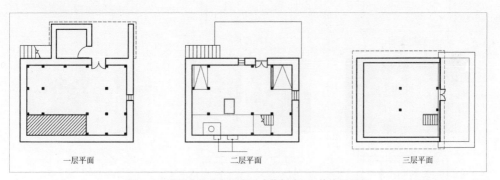

一层平面　　　　　　二层平面　　　　　　三层平面

图 2.3-8 平面功能分布示意(多依树寨 B1 传统民居)

[1] 黄华青,周凌. 居住的世界:人类学视角下云南元阳哈尼族住宅的空间观 [J]. 新建筑,2019(6):78-83.

表 2.3-1 平面功能汇总

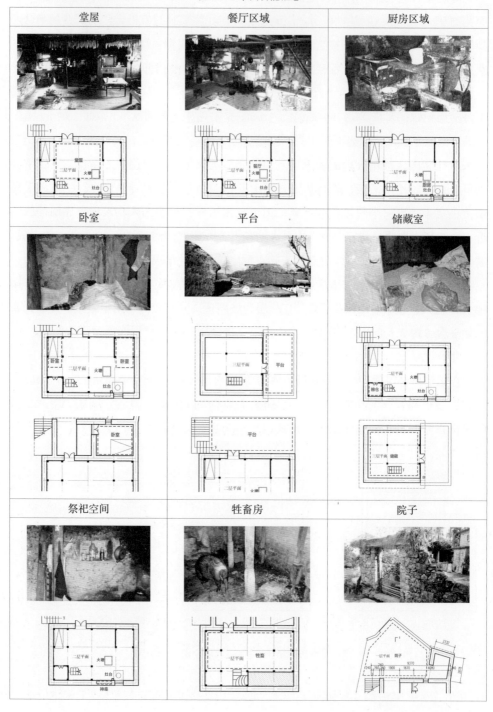

在靠近堂屋中间的地面上会挖一个四方形的浅坑作为火塘，哈尼族人的饮食起居都是围绕火塘而开展的。火塘不仅是煮饭取暖的场所，也代表了哈尼族人对火的原始崇拜。哈尼族人聚居地区海拔高，终年云雾缭绕，冬季夜晚寒冷潮湿，火塘的供热和烘干作用就显得十分重要。火塘上方用藤条悬挂着竹篾做的筐子，筐内放着腊肉、柴火等，借火塘的烟火烤干。靠近火塘旁的一根木柱称为"中柱"，是建造时首先竖起来的柱子，具有神圣意义，不可随意触碰。

2）餐厨区域

在哈尼传统民居中，厨房与餐厅功能不单独设置，而是以餐厨一体的形式出现。餐厅和厨房不是简单的辅助功能空间，而是重要的日常活动场所。开敞的餐厨不仅节约了场地，适应了传统民居不够宽敞的空间，同时复合了多种功能，适应了哈尼族人的日常交流和家庭活动的习惯。

哈尼族人在堂屋一角设置一个灶台进行烹饪，灶台一般位于火塘靠里处。灶台用生土砌筑，灶台附近的地面为土质。由于灶台的荷载大，有的民居中在底层对应的位置用石块堆积至二层高。

在火塘周围放一张小桌子就是餐桌，一家人围着火塘而坐，一边烤火、一边吃饭，也可同时会客、娱乐。

3）卧室

卧室一般比较简陋，在屋内入口两侧角落放置床位就算卧室了，隔断可有可无，并不十分注重隐私。此外，有的人家会把一层的耳房空出来给老人住。

4）祭祀空间

堂屋中一般设置神龛，用于祭拜神灵或祖先。常常在靠近灶台和墙角的墙上挖一个长 50 cm、高 20 cm、深 30 cm 的壁龛，称为大神龛，将祖先灵位供奉在其中。近年来民俗文化渐渐流失，家庭祭祀这一传统正处于消失的边缘。

5）储藏室

储藏室一般位于二层，将靠墙角的四根柱子间用木板隔出，专门用作储存粮食。在储藏室较大的一面外墙上一般开一个小洞口，用来取放物品。有的民居在一层平台下方砌一间耳房，用作储存农具和柴火，同时起到支撑平台的作用。三层的阁楼也用作储藏，一般存放临时储藏室外晾晒的粮食。

6）平台

平台有两处，一处是二层的入口平台，另一处是三层的屋顶平台。二层的平台分为两种，一种是完全开放、无遮挡的，另一种则在与门相对的位置立一堵石墙，功能类似照壁。平台是哈尼传统民居中重要的生产空间，可以用来晾晒粮食、做家务、休息、娱乐等。

7）牲畜房

哈尼族人几乎家家户户饲养牲畜，由于牲畜都养在家中，所以村间道路和宅院里随处可见牲畜的粪便和苍蝇蚊虫，卫生状况糟糕。

牲口房分为两种：室外牲畜房、室内牲畜房。

室外牲畜房：一般设置在院子里。

室内牲畜房：设在建筑底层，层高较低。在靠近后墙的位置往往设置一个室内楼梯通往二层堂屋，楼梯一般由生土堆砌或石头垒砌而成，但在很多家庭中已经被弃置不用，楼面上的楼梯洞口也由木板封住。

8）院子

由于山地梯田的特性，传统村落缺乏大面积的平坦用地，村民宅基地面积受限，因此大部分传统"蘑菇房"没有院落。少数情况下，若宅基地地势平坦，建筑之间间距较大，屋主则围合出一个院落，作为室内外的过渡空间。院落的形状、大小由地形决定，没有定数。有的屋主在院落中养猪、牛、狗、鸡等，有的则堆放柴草和杂物。院落有院门，院墙一般用石块堆砌而成，高的约一人高，矮的约半人高。

2. 结构形式

元阳梯田地区哈尼族传统民居属于邛笼系住屋，采用土、木、石为主要材料修建而成。由于材料和受力的特性，外墙和木构架视情况相互配合承重或单独承重。

主要分为木构架与墙体共同承重、墙承重两种方式。

1）木框架与墙体共同承重

哈尼传统民居主要的结构形式是木框架与墙体共同承重型（图2.3-9），其特点是木框架与墙体是两个相对独立的结构体系，木柱一般裸露在墙体之外而不是埋在墙体内部。木柱的作用是支撑二、三层的木梁，并与墙体一起支撑楼板与屋顶。在这个完整的体系中，墙体不仅起到承重作用，也起到维护和分割空间的作用。

2）墙承重

少部分民居是无木构架而只靠墙体承重的，其墙身材料一般为石墙（图2.3-10）。这种结构体系的楼板和屋顶的端头部分直接伸进墙体，搭在墙上。当某些地方需要

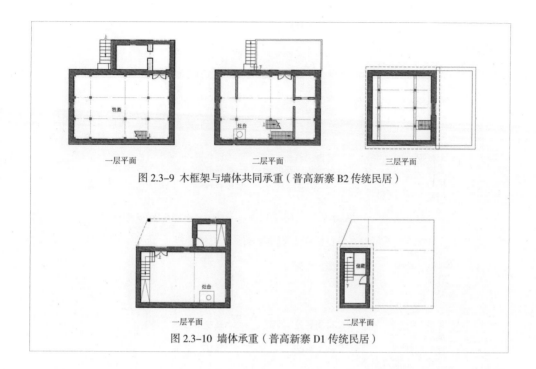

一层平面　　　　　　二层平面　　　　　　三层平面

图 2.3-9 木框架与墙体共同承重（普高新寨 B2 传统民居）

一层平面　　　　　　　　　二层平面

图 2.3-10 墙体承重（普高新寨 D1 传统民居）

大空间时，则增加一两根木柱共同支撑起楼板。这种结构体系适用于体型较小的民居，一般层高为一层。

3. 建筑材料

哈尼族传统民居就地取材，因地制宜地发挥地方材料的性能，主要使用的地方材料有红土、木材、石材、稻草、竹子和沙等（表 2.3-2）。

红土：红土是主要的墙体材料，保温性能较好。云南素有"红土高原"之称，红土资源丰富，易取得，杂质少，黏结性强，性能优越，经济实用，是一种理想的乡土建筑材料。

木材：搭建木框架所用的木材多来自村民自己种植的树林和村集体所有的树林。村落上方的寨神林不允许私人砍伐，只可以捡地上的树枝，如果是为了村寨公共利益而砍伐则必须事后补种，旧房拆掉的木料一般重复使用（图 2.3-11）。

石材：石材是建造台基、墙基、勒脚的材料，石头质地坚硬，防腐蚀，防水，防火，是做基础的不二选择（图 2.3-12）。

竹子：竹子是非常多样的建造材料，细的竹子可以用于制作家具，如桌子、椅子、

表 2.3-2 建造材料分析

材料	用途	优点	缺点
红土	夯土墙 土坯砖 夯筑楼板、平台	保温、隔热性能好， 冬暖夏凉； 易得，易加工； 施工方便	砌筑高度有限； 卫生条件差； 使用年限低； 易开裂； 居住环境差
木材	木框架 木椽 楼板 门窗	易得，易加工； 自重小，跨度大； 施工方便	易变形； 易着火； 易腐烂
石材	石墙 场地台基 地基、勒脚 柱础	材料易得；材质坚硬； 防火； 施工方便	难加工； 自重大
竹子	竹椽 梯子 楼板底部 （椽上密铺竹荆条，承托楼板）	材质轻盈、坚韧； 易得，易加工； 施工方便	易变形； 易着火； 易坏
稻草	屋顶 楼板的底部 （椽上铺荆条糊草拌泥，承托平屋顶）	材质轻盈、坚韧； 易得，易加工； 施工方便	易变形； 易着火； 易腐烂
沙	制作土坯 砂浆	易得，易加工； 施工方便	当地产量有限

图 2.3-11 木材的加工

图 2.3-12 石材的加工与砌筑

梯子等，粗的竹子可以用作建房的房梁、椽子等。细竹竿和竹劈可以密排在梁上以承托夯土楼面，竹篾可以做凉席和筐、篓。

稻草：稻草是传统民居的屋顶覆盖材料。云南地区的水稻一般为一年三季，水稻成熟后收割下来的稻草可用于铺设屋顶。但如今本地的稻草质量不佳，已经不能满足建房需求，故茅草顶的覆盖材料都从越南进口。

沙：沙是建造房屋的重要辅材。山上的流水除了为生活、生产提供用水，还将山中的沙子带下来。在引水渠中堆上沙袋，就可以把沙子堵截留住而不影响水流流过，待沙子累积到一定量后将沙子收集起来，供盖建造房屋使用。

4. 建造过程

哈尼传统民居主要经过下地基、筑土墙、立木架和铺屋顶等四个建造过程，可细分为以下 8 个步骤（图 2.3-13）。

1）砌筑台基、墙基、勒脚

选定宅基地后，施工人员在场地内挖出一个土坑，挖掉的土方填在场地前方以找平坡地，也有直接以毛石砌筑台基。

在平整的场地上，按照房屋预计的尺寸挖出 0.4~0.6 m 深的沟槽，在沟槽里铺上大石块并将石块夯垒高出地面 0.5~0.8 m，形成一圈墙基或勒脚，之后才可在石墙上砌砖。勒脚的作用在于防潮，保护建筑的基础部分。有的民居的一层全部使用毛石砌筑，即勒脚高达一层。毛石坚固、耐腐蚀、防潮，可以增加墙基的耐用度，有助于增强地基，为其上砌筑的墙体创造基本条件，是砌筑台基与墙基的最佳选择。

2）砌筑一层墙体

确定建筑的地基后，便可开始砌筑底层外墙，使用版筑法或者用土坯砖、石头砌筑，直到二层楼板高度。

3）搭建一层木构架

柱和梁事先确定好尺寸并预先加工好，先立柱，再架梁，都由人力操作。梁柱的连接以榫卯法为主。为防潮，底层柱子都有柱础。

4）铺二层楼板

二层楼板的铺设主要有两种：一种是在框架上铺设木椽后直接铺木地板，这种方法构造层较少；另一种与屋顶平台的做法一致，在木椽上密铺竹条或木条，然后糊草拌泥，再将土夯实，形成土楼板。

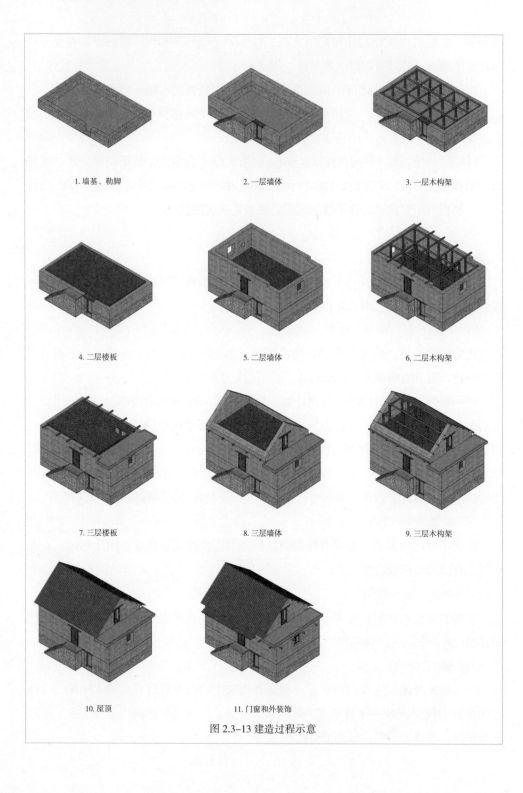

1. 墙基、勒脚　　　　　　　2. 一层墙体　　　　　　　3. 一层木构架

4. 二层楼板　　　　　　　5. 二层墙体　　　　　　　6. 二层木构架

7. 三层楼板　　　　　　　8. 三层墙体　　　　　　　9. 三层木构架

10. 屋顶　　　　　　　11. 门窗和外装饰

图 2.3-13 建造过程示意

5）砌筑二层土墙

由土坯砖与石头砌筑的房屋，其二层墙体直接砌筑在楼板之上，通过一层木框架和墙体承重。夯土墙的墙体一般一次性筑成，同时立框架和铺设楼板。

6）搭建二层木构架

7）铺三层楼板与屋顶平台

屋顶平台的做法与土楼板相同，但为满足防水需求，在表面增加一道防水层，一般用石灰或砂浆抹平。靠近边缘的位置用土坯或石块砌筑一道高约10 cm的翻边，类似于女儿墙，可以防止晾晒的粮食掉落和组织排水。

8）安装门窗、外装饰，砌筑室内灶台与隔墙

哈尼传统民居的门窗都比较简陋，有条件的门窗刷一层红漆。门头披檐的支撑和晒棍直接插入墙体中。灶台为防火则由土修筑而成，室内隔墙以木板隔墙和轻质土隔墙为主。

5. 构成要素

哈尼传统民居由10种建筑要素构成，其细部构造做法体现出哈尼族人的营造智慧。10种建筑要素为：台基（墙基、勒脚）、墙体、木框架、屋顶、平台、楼板、楼梯、分隔墙、门窗、立面。

1）台基（墙基、勒脚）

台基是建造房子的基础，一般通过挖方、填方改变山地地形而形成平整场地，多由土石组成。墙基和勒脚一般由石头堆砌而成，可以防潮，保护建筑基础（图2.3-14、图2.3-15）。

2）墙体

元阳山地梯田地区哈尼传统民居的墙体以土墙和石墙为主（图2.3-16），墙身厚度约35~50 cm，高度约2.0~2.4 m。土墙分为土坯砖墙、版筑夯土墙两种。土坯砖墙建造难度低，较为常见；版筑夯土墙建造要求较高，因而较少见。哈尼传统民居的外墙主要起承重和围护作用，厚厚的土墙和石墙不仅保温隔热，还可以防火，适应了哈尼族的火塘文化，降低了起火的风险。

（1）土坯砖墙

土坯砖砌筑成墙需要经过制坯、砌筑两个步骤。

图 2.3-14 石台基

图 2.3-15 石勒脚

土坯砖墙

石墙

夯土墙

图 2.3-16 外墙材料

①制坯。土质的好坏决定了土坯砖墙的质量，因此制坯对土质的要求十分严格。一般选取附近山上带黏性的土，而不使用耕地中的表层土，因为其已失去黏性。从山上挖来泥土后，先去掉浮土，再将土捣碎、细筛，去除杂质以增强土坯的抗压力，之后与沙子混合，混入稻草等筋料以增加抗拉性能、防止龟裂。接着，在一块平整的场地上，将土、骨料、拉结料填入 15 cm 见方、30 cm 长的模具中，与水充分搅拌。最后用木桩压实，有的地方用牲口踩踏压实，有的地方由人力压实，经过 3~5 天的风干后即可成型。

②砌筑。土坯砖直接砌筑在石墙墙基上，砌缝用泥浆处理或不处理。土坯砖可以一顺一丁、满丁和梅花丁等砌法砌筑。其中，一顺一丁砌式最为常见，这种砌法操作简便，可以形成上下错缝，在保证墙体厚度的同时具有较好的稳定性（表 2.3-3）。

土坯砖墙一般有三层土坯砖厚（图 2.3-17），砌筑完成后在表面涂抹草灰筋或

表 2.3-3 砖的砌法

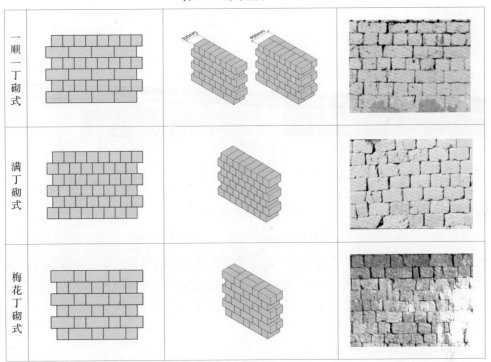

一顺一丁砌式		
满丁砌式		
梅花丁砌式		

石灰抹面以保护土墙（图 2.3-18）。土坯砖墙墙体的隔热、蓄热及隔湿、防潮的性能均较好，可以适应当地昼夜温差大、寒冷潮湿的气候。

为满足通风的需求，土坯砖墙的顶部预留通风口。通风口的做法或是有规律地去掉一些砖块，或用瓦片做出各种图案，类似于中国园林中的花窗，或以土坯砖斜砌（图 2.2-19）。

与版筑夯土墙相比，土坯砖墙技术含量低，更经济，施工也更灵活，因此在哈尼传统村落应用极为广泛。

（2）夯土墙

版筑夯土墙简称夯土墙，俗称冲墙，是我国古代土工最重要的发明之一。

版筑夯土墙的材料以红土或黄土为主，一般选取黏结度高、杂质少的土壤。在加工时须仔细筛除土壤中的杂质，并加水反复搅拌，至达到"捏之成团、抛之散开"

图 2.3-17 土坯砖墙厚度   图 2.3-18 外墙抹灰

的程度。要求较高的版筑夯土墙在土中掺入骨料和拉结料。骨料有助于增加墙体的抗压性能，一般为小石块、碎砖瓦等。拉结料可以在很大程度上增加墙体的抗拉、抗剪性能，一般为稻草、芦苇等。石墙基砌筑完成后，就可以开始搭建版筑夯土墙的模板了。施工时，通常 2~3 人一组，在一副模板上使用冲墙棒从头尾两个方向相对夯打，直到夯筑到模板高度。

（3）石墙

元阳地区的石材不仅资源丰富，且质地坚硬，吸水率低，耐腐蚀，性能稳定，经久耐用，其石材加工工艺也已非常成熟。哈尼传统民居在有耐磨、防潮要求的墙基、台阶等部位使用石材。石墙的砌筑一般是层层垒叠而上，石块之间的缝隙以草拌泥或水泥填补，石墙砌筑完成后通常以石灰涂抹，将墙面找平（图 2.3-20、图 2.3-21）。

①外墙高厚比。通过对测绘的哈尼传统民居的外墙高度和厚度进行对比分析（表 2.3-4）可以发现，哈尼传统民居的外墙厚度为 320~480 mm，外墙层高较矮，约 2 m，且外墙厚度与外墙层高大致成正比。房子盖得越高，墙体厚度就越厚，其高厚比约为 12。这一方面反映了当地石墙体的砌筑已经形成稳定的体系，另一方面反映出材料的特性和技术的简朴也在限制哈尼传统民居的发展。

②墙体稳定性处理。元阳地区为加强墙体的稳定性与耐久性，采取了一些处理方式（图 2.3-22~ 图 2.3-24），如在门窗洞口处设置过梁，用圈梁将土墙拉结起来，很好地阻止墙体开裂，弥补洞口对墙体的完整性造成破坏；在墙角用较为规则的石材砌筑，形成护角，加强墙体的承重和耐久性。

3）木框架

元阳传统民居的木框架建构形式比较原始，木柱和木梁所用的木材从山上砍伐

去掉砖块形成通风孔　　　　瓦片搭出通风孔　　　　土坯砖斜砌通风孔

图 2.3-19　民居中的通风孔

后很少经过加工，只做简单处理，一般削成方形，最多涂一层黑漆。木框架与墙体组合，共同起到支撑楼板和屋顶的作用。上下层柱子不完全对位，甚至存在减柱的情况。一层梁高约 300 mm，二层梁高约 320 mm。木柱一般有柱础，柱础高度约 700 mm（表 2.3-5）。

（1）梁柱的两种搭接方式：榫卯法、绑扎法

①榫卯法。榫卯法最为常见，主体部分的木框架基本采用榫卯法搭接。其做法为：在木柱上凿孔，在木梁端部削出榫头插入木柱，讲究的做法会在梁头穿插的下方增加托木以扩大梁柱的接触面积。一榀榀屋架竖立起来后相连接，形成整体框架，之后在梁上搁木椽，铺楼板（图 2.3-25~ 图 2.3-27）。

②绑扎法。绑扎法是用麻绳或铁丝将木柱和木梁绑扎在一起形成框架，多出现在屋架、室外牲口房或者室外檐廊等位置，适用于柱梁尺寸较小的情况。

图 2.2-20　砌筑石墙　　　　　　　图 2.2-21　石墙抹灰

表 2.3-4 外墙高、厚数据表

村寨名称	建筑编号	墙体材料	墙体高度（mm）	墙体厚度（mm）	墙体高厚比
平安寨	A1	土坯砖	一层 2470；二层 1820	320	13.4
	A2	土坯砖	一层 2720；二层 2280	450	11.1
	A3	土坯砖	一层 2320；二层 2840	400	12.9
	B1	土坯砖	一层 2720；二层 2450	370	14.0
	B2	土坯砖	一层 3250；二层 2210	400	13.7
普高新寨	B1	石头	一层 1970；二层 2620	480	9.6
	B2	石头	一层 2770	400	6.9
	D1	石头	一层 2050；二层 2645	400	11.7
	D2	一层石头；二层土坯砖	一层 1900；二层 2605	480	9.4
	D3	石头	一层 1980；二层 2780	450	10.6
多依树寨	A1	石头	一层 2350；二层 2800	400	12.9
	A2	石头	一层 2260；二层 2030	400	10.7
	A3	一层石头；二层土坯砖	一层 2020；二层 2520	400	11.4
	A4	石头与红砖	一层 2020；二层 2640	400	11.7
	A5	土坯砖	一层 2070；二层 2660	420	11.3
	B1	石头	一层 2180；二层 2510	400	11.7
	B2	土坯砖	一层 2120；二层 2780	450	10.9
	B3	石头	一层 2250；二层 2400	420	11.1
	B4	一层石头为主；层土坯砖	一层 2200；二层 2500	400	11.8
	B5	一层石头；二层土坯砖	一层 2020；二层 2400	420	10.5
	E1	石头	一层 2200；二层 2530	400	11.8
	E2	石头	一层 2500；二层 3020	400	13.8
	F3	一层石头；二层土坯砖	一层 2300；二层 2300	400	11.5

图 2.3-22 土坯墙中的过梁

图 2.3-23 土坯墙的墙角

图 2.3-24 石墙的墙角

表 2.3-5 木框架梁柱尺寸

村寨名称	建筑编号	一层主梁高	一层次梁高	二层主梁高	二层次梁高	柱础高
平安寨	B1	180	120	200	120	无
普高新寨	B1	170	150	200	120	750
	D2	140	130	180	120	750
多依树寨	B1	140	140	180	140	750

图 2.3-25 石柱础

图 2.3-26 榫卯搭接

图 2.3-27 梁头托木

（2）木框架的特殊做法

①木柱与外墙的关系。调研区域内的哈尼传统民居的木柱都贴着墙体（图2.3-28、图2.3-29），但哈尼传统民居的结构体系决定了木柱可以脱离墙体设置。木柱与墙体脱离后可以分开施工，在泥瓦匠砌筑墙体的同时，木匠可以在室内加工木料并竖立屋架，这样节省了时间，加快了建造进度。

②上下层柱子错位。哈尼传统民居中上下层柱子常常形成错位，主要见于屋顶部分与下层柱网无对应关系上（图2.3-30）。这是由于哈尼传统民居的屋顶和下层结构是分步搭建而成的，属于两个建构体系，且屋顶部分经常进行改造和重建，所以会出现错位情况。哈尼传统民居的进深和开间都较小，且由木框架和墙体共同承重，故柱子错位布置对结构稳定性并无太大影响。

③减柱。在哈尼传统民居中不仅存在上下柱子错位的情况，也存在减柱的情况（图2.3-31、图2.3-32）。减柱多发生在底层与堂屋空间中，是为解决哈尼传统民居进深和开间小与居民对大空间的需求之间的矛盾采取的办法，即在房屋的适当位置减掉一两根柱子以获得较大活动空间。房屋角部一般做减柱处理，在墙体和木框架共同承重时，梁头可以直接搭墙体上，因此角部减柱的做法对整个房屋的稳定性并无太大影响。

4）屋顶

哈尼传统民居的屋顶形式中，四坡茅草顶是最为传统的做法，但如今仅在一些风貌保存良好的村寨如阿者科中还有所保留，更为多见的是石棉瓦屋顶，其余还部分青瓦顶的做法。

（1）四坡茅草顶

传统的四坡茅草顶因形似蘑菇而得俗名"蘑菇顶"，由哈尼族人在屋顶上搭建木屋架、其上铺茅草而形成。

笔者团队调研区域内的几个村寨除阿者科外，都未见保留完好的茅草顶传统民居，得到保留的茅草顶也已破败不堪。通过实物测绘和相关资料推测，笔者团队对四坡茅草顶构造进行了复原。其做法为：先用较粗的木材搭建屋架，再于屋架上用木椽顺坡铺出四个坡面，在木椽上固定挂草条，最上层铺上厚厚的茅草或稻草。茅草须捆扎成片后再逐层铺盖，并在屋脊处加设木棍，用来压住顶部。需要更换茅草时，先把底下破败的茅草抽出，再在上面铺新草（图2.3-33）。

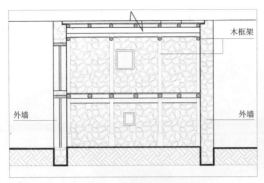

图 2.3-28 典型剖面
（普高新寨 B1 传统民居）

图 2.3-29 木柱脱离墙体

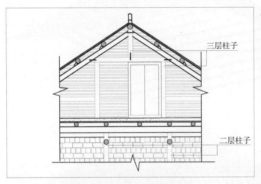

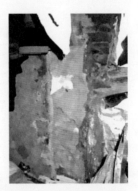

图 2.3-30 木框架局部大样
（普高新寨 D2 传统民居）

图 2.3-31 原有柱子的痕迹

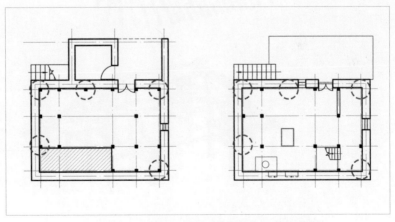

图 2.3-32 减柱的位置（普高新寨 B1 传统民居）

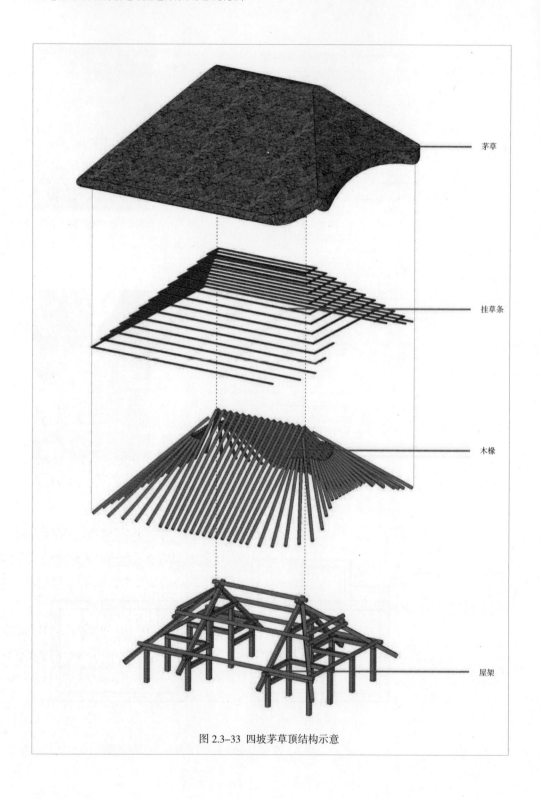

茅草

挂草条

木椽

屋架

图 2.3-33 四坡茅草顶结构示意

　　四坡茅草顶的屋顶坡
度约为45°，正脊和出
檐都较短（图2.3-34、图
2.3-35）。为方便进出晒台，
四坡茅草顶晒台一侧的檐
口处会做少许变化。四坡
茅草顶除可以增强防雨和
排水性能外，还增加了屋
顶下部的储藏空间，可用
于存放粮食，通过在三层
楼板上预留洞口、设置爬
梯与二层连通（图2.3-
36）。

图2.3-34 四坡茅草顶的山墙面

图2.3-35 四坡茅草顶的檐口

图2.3-36 三层楼板的洞口

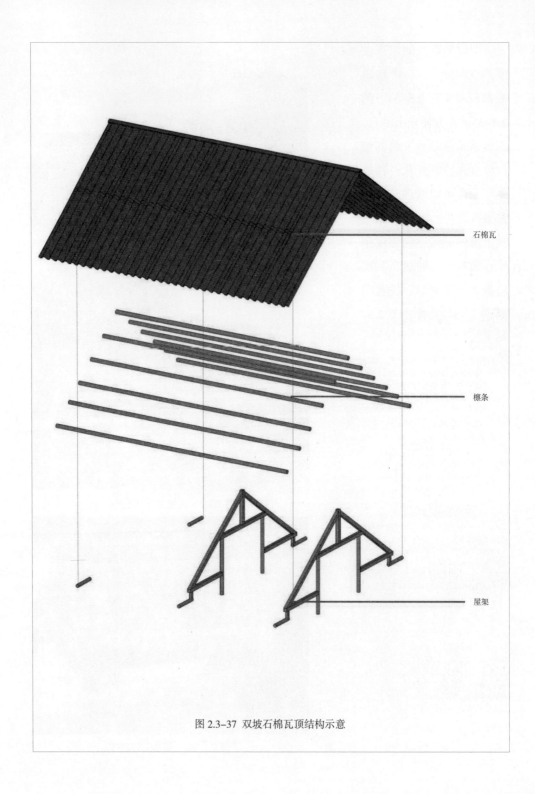

石棉瓦

檩条

屋架

图 2.3-37 双坡石棉瓦顶结构示意

山墙面用土坯砖砌筑

山墙面用竹条遮挡

山墙面留空

图2.3-38 山墙面的处理

（2）石棉瓦双坡顶

1990年代，出于防火考虑，哈尼传统民居大部分的茅草顶被拆除，改建成石棉瓦顶和青瓦顶。石棉瓦不便加工，建成四坡顶的形式比较困难，因而改建成双坡悬山顶。石棉瓦双坡顶的檩头和屋面板挑出山墙面，有条件的房屋增加博风板加以保护（图2.3-37）。

哈尼传统民居的木框架采用一种简易的人字形桁架结构。人字形桁架结构形成的山墙面，一般用土坯砖填补，条件较差的民居则用竹子、木板等材料简易地进行遮挡，有的山墙面处甚至留空处理（图2.3-38）。

屋顶木框架 　　　　　　　　木框架与墙交接 　　　　　　　　檐头和博风板

图 2.3-39 屋顶木框架处理

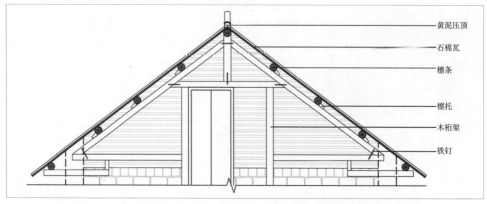

黄泥压顶

石棉瓦

檩条

檩托

木桁架

铁钉

图 2.3-40 双坡石棉瓦顶屋架大样（普高新寨 B1 传统民居）

当前，为了恢复传统风貌，部分民居又改回了茅草顶。但由于本地的茅草和稻草已经不能满足作为屋顶覆盖用材的需求，现在的茅草顶都使用从越南进口的稻草建造而成，致使建造和维护的成本大幅增加，一个茅草顶的建造成本达到10万元左右。这对于恢复传统风貌的工作而言是一个不小的负担，也违背地域性建造中使用当地材料的原则（图 2.3-39、图 2.3-40）。

5）平台

哈尼传统民居的土平台是村民极佳的生活空间，村民在平台上进行晾晒粮食和柴火、做农活、抽水烟、聊天等日常活动。屋顶平台的质量好坏对哈尼传统民居来说至关重要。

图 2.3-41 屋顶平台边沿的出挑与翻边

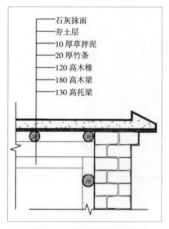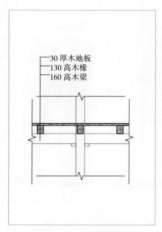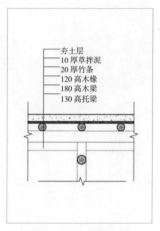

图 2.3-42 屋顶平台大样　　　　图 2.3-43 木楼板大样　　　　图 2.3-44 土楼板大样

　　屋顶平台的构造做法是：在木框架的横梁上铺木椽，木椽上密铺竹条或木条，并糊草拌泥，其上以厚土夯实，最后在表面用石灰或砂浆抹面。平台边沿一般伸出外墙面 10~30 cm 左右，由墙顶的土坯砖叠涩挑出。屋顶平台有时做翻边处理，用土坯砖或石块在四周砌筑，高度约 10 cm，并预留出排水孔若干（图 2.3-41、图 2.3-42）。翻边的做法出于防止粮食掉落和安全的考虑，同时可以有效组织屋面的排水，其作用类似女儿墙。

　　6）楼板

　　哈尼传统民居中的楼板按照材料和做法可以分为木楼板、土楼板两种。

　　木楼板的构造做法：在木椽上铺条形木地板形成木楼板（图 2.3-43、图 2.3-44）。

图 2.3-45 木楼板

图 2.3-46 土楼板

图 2.3-47 楼板下的梁与椽

图 2.3-48 二层灶台下方的石墩

　　土楼板的构造做法：在木椽上铺设竹条或木条，并糊草拌泥，其上铺厚土夯实形成土楼板（图 2.3-45、图 2.3-46）。二层地板以中间一排柱为分界，前半部分(即堂屋、卧室部分)的地板由下至上，分别是主梁(高 15~20 cm)、木椽(高约 10 cm，间距 50~70 cm)和木楼板(每片 20~25 cm 宽，厚约 3 cm)。后半部分 (即灶台与周边地面) 的楼板根据实际情况分为两种做法：一种做法是在主梁、木椽之上密铺一层竹条或木条，并糊草拌泥，上铺约 10 cm 厚土并夯实；另一种做法考虑到灶台部分荷载较大，于是直接自底层起用石块垒叠至二层楼板处，其上砌筑灶台，即灶台和周边地面不由木框架和墙体承重，而由其下的石墩承重（图 2.3-47、图 2.3-48 ）。

室外石楼梯

室内石楼梯

室内木楼梯

内木爬梯

图 2.3-49　哈尼传统民居的各种楼梯

　　三层楼板有木楼板，也有土楼板，做法与二层楼板一致。不同之处在于，由于三层较二层荷载更大，因而支撑三层楼的梁更高，楼板更厚，而室外平台部分的土楼板厚于室内部分。

　　7）楼梯

　　哈尼传统民居的楼梯与台阶一般设置三处（图 2.3-49）：一是一层牲畜房通往二层堂屋的室内楼梯，一般用石头砌筑或生土夯筑而成，现大多已废弃不用；二是室外通往二层平台的楼梯，多为石头砌筑；三是室内二层通往三层的楼梯，一般是木梯，也有竹爬梯，坡度大于45°。

木隔墙　　　　　　　　　　　　　　　土隔墙

图 2.3-50 哈尼传统民居的室内隔墙

8）分隔墙

分隔墙是划分室内空间的墙体，不起承重作用。不是所有的哈尼传统民居都设置分隔墙，有的民居一层就是一个大空间。哈尼传统民居的分隔墙按材料可分为土坯墙和木板墙两种（图 2.3-50），土坯墙较厚，直接裸露，木板墙较薄，一般刷一层红漆。

9）门窗

哈尼传统民居的门窗简陋，且门窗洞口的尺寸较小。门的高度一般为 1.6~1.8 m，成人必须弯腰才能通行。窗洞一般 400~600 mm 见方，采光和通风都不佳，且数量少，一栋民居有一到两个窗，因此室内比较昏暗。有的门窗洞口上方设置一根木过梁承重，过梁直接暴露在室外，且长度较长；有的门窗洞口上方则用土坯发拱券以承重；由于哈尼传统民居的窗洞口比较小，还存在门窗洞口上方直接用一块较长的石头做过梁的情况。哈尼传统民居大门外有檐廊以遮挡雨水，一般用木棍插入墙体，与墙体形成三角支架，支撑石棉瓦板或木板（图 2.3-51、图 2.3-52）。

10）立面

哈尼传统民居开窗少，其立面呈现出典型的三段式，由下至上依次为石勒脚、黄色土墙、深灰色的屋顶（图 2.3-53、图 2.3-54），构成了哈尼传统民居朴素的立面形式。总体来说，哈尼传统民居体量不大，尺度宜人，没有压迫感。外墙表面通常刷一层泥浆或石灰，用以防水、保护墙体。哈尼族人经常把牛粪贴在墙上，待晒干后用作燃料或肥料。部分墙上则挂着一些竹竿，用于晾晒粮食（图 2.3-55）。

木质门过梁　　　　　　　　　　门拱券　　　　　　　　　　门前檐廊

图 2.3-51 哈尼传统民居的门

四、现状与问题

1. 自然环境恶化

哈尼族人千百年来适应环境、改造环境、利用环境，形成了与自然环境和谐相处的生产生活模式。然而，随着村落的现代化和旅游业的发展，人们在拥抱现代文明的同时，却忽视了村落与环境的关系。农业化肥逐渐代替了有机肥料，造成了梯田土壤的板结和地力下降；越来越多的塑料制品被丢进水系，堵塞沟渠；村落周边的树林被乱砍滥伐，影响了村落的涵养水源和景观环境。在设施上，村落内缺少垃

窗拱券　　　　　　　　　石头窗过梁　　　　　　　　木质窗过梁

图 2.3-52 哈尼传统民居的窗

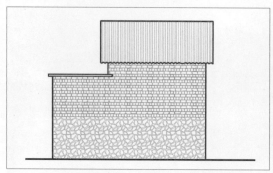

图 2.3-53 典型立面图（多依树寨 F3 传统民居）　　　　图 2.3-54 三段式立面

坂桶、污水处理设施、公共卫生间等环卫设备；在制度上，缺少与环境保护有关的规章条例，村民的环保意识也较为薄弱。这些因素都导致了哈尼传统村落自然环境的逐渐恶化。

2. 整体风貌破坏

哈尼传统村落有其独特的格局和风貌，但随着村落现代化的发展和村民生活方式的改变，村落的风貌正在发生着剧烈变化。哈尼传统村落的道路普遍狭窄，为了满足机动车的通行要求，村内原有道路被拓宽，导致许多道路沿线的传统民居被拆除。新建的民居选择砖混的红砖房替代传统的"蘑菇房"样式，致使村落内的传统民居急剧减少，村落传统风貌持续受到挑战。太阳能热水器和凌乱的电线等现代化设施设备更是随处可见，与村落的古朴风貌格格不入。此外，由于缺乏环卫设施，垃圾被随意丢弃在村内道路旁、水渠中，严重污染了村落环境。这些现象使得哈尼传统村落的传统风貌遭到严重破坏。

牛粪

晾晒用的竹竿

图 2.3-55 立面上的各种挂件

3. 现有设施老旧

哈尼传统村落历史久远，时至今日，部分原有设施已老化陈旧，无法满足当代生活需求。例如，作为传统农耕社会产物的村落传统沟渠系统，近年来因村落污水和垃圾的增多而越发不堪重负，经常发生堵塞的情况；村落传统的道路，有许多路段为自然泥地，遇到雨天便泥泞不堪，给村民的日常行走带来了极大的不便。

4. 各类设施缺乏

由于经济条件的限制，哈尼传统村落的各类基础设施发展较为落后，普遍存在基础设施建设不足的情况，阻碍了村落现代化的进程，限制了村民生活水平提高的脚步。例如，调研中除少数几个村落外，大部分村落没有独立的污水管网系统，大量污水通过传统沟渠系统排入梯田，对农业生产造成了严重污染；由于缺少停车场，村内的广场被作为停车之用，不但影响了村落风貌，也占用了村落的公共空间。

第三章
村落环境修复设计

　　本章是对山地梯田地区整体地貌中建筑之外的环境要素的修复研究。基于前期对传统村落与环境相适应关系的掌握，同时考虑到旅游产业发展对空间的需求及承载量的可能性，针对当前现状与问题，分别从自然环境和村庄设施提出了修复设计导则策略。具体而言，针对自然环境的保护分别对山体、森林、梯田和水系四个部分提出了修复措施与保护机制；针对村庄设施更新则考虑了现代生活方式和旅游业发展对乡村可能带来的影响，通过增设新设施或革新旧设施，尝试解决新的生活方式与旧有设施、旅游需求与传统村落保护之间的部分矛盾。

一、自然环境保护与修复

　　哈尼族人的村落选址于山谷地带，村落所处区域气候温和，上有森林，下有梯田，拥有良好的人居环境基础。对哈尼传统村落自然环境的保护与修复主要针对赖以依存的山体环境、涵养水源的森林环境、作为主要景观和生产要素的梯田环境、联系生活生产的水系环境等四个方面展开，在关注物质要素保护的同时，提出意识形态的引导策略。

1. 山体环境

近年随着旅游业的发展，村内建设了大量的基础设施，引发了大规模的山体开挖行为，在很大程度上对山体环境造成了破坏（图3.1-1）。而泥石流、山体滑坡等自然灾害的频繁发生，更使得对山体环境的修复与保护工作刻不容缓。对于如何维护哈尼传统村落赖以依存的山体环境，本书提出以下措施。

图 3.1-1 哈尼梯田遗产区受损山体

1）护坡措施

对于尺度较大、受损较多的山体采用护坡的形式进行加固，护坡表皮应与周边山脉的自然风貌保持一致，尽量选择可以与山体融合的护坡做法。本书提供了三种方案：三维植被网护坡（图3.1-2）、水泥空心块护坡（图3.1-3）和拱形浆砌片石骨架内铺草皮护坡（图3.1-4），在实际操作中可根据山体的滑坡程度、面积、大小等因素合理选择。

2）挡土墙措施

挡土墙适用于对尺度较小的受损山体地形进行加固（图3.1-5、图3.1-6）。

3）建立山体保护机制

地方规划部门应制定一定的保护制度，应将哈尼梯田地区的山体明确划分可开发和不可开发区域。对于可开发区域，允许村民进行适度的山体开发；对于不可开发区域，严禁进行伐木、矿石开采等活动。政府应委派专业人员负责监督与巡查山体，对任何破坏山体的行为进行严格的处罚，同时对举报破坏山体行为的个人或者单位给予适当的奖励，建立健全全社会共同参与的山体保护与监督机制。

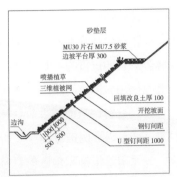

图 3.1-2　三维植被网护坡

图 3.1-3　水泥空心块护坡

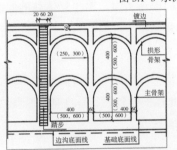
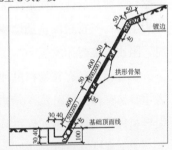

图 3.1-4　拱形浆砌片石骨架内铺草皮护坡

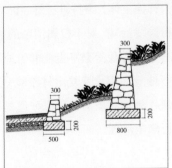

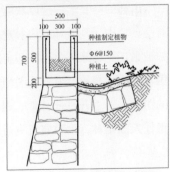

图 3.1-5　挡土墙做法 1 剖面　　　　图 3.1-6　挡土墙做法 2 剖面

2. 森林环境

针对森林环境的保护措施，首先应推进梯田地区退耕还林和植树造林等工程的进度，不断提高森林的覆盖率；其次应减少使用柴火，推广、普及使用太阳能、沼气灶等更清洁能源，在民居建造中积极地寻求新的可替代材料，从而减少对森林的砍伐需求。

1）森林保护机制

元阳哈尼梯田地区的森林可分为国有林、集体林和私有林等三种，在保护工作中应制定相应的针对性策略。

国有林：国有林位于海拔 2000 m 以上的高山上，因开发限制，大部分国有林处于原始森林的状态。针对国有林的特点，保护国有林除须执行国家封山育林的政策外，还应安排专门的国有林护林员进行定期巡逻，以杜绝森林火灾的危险，同时应配备专业技术人员对林地的病虫害进行排查和治疗。

集体林：集体林为村集体所有，大部分集体林为建村时保留的原始树木，也有村民为了营造生态环境自发种植的树木。集体林原则上不允许砍伐，如需砍伐须向上级部门申请备案。对于集体林的保护应以村集体为主体，安排村民定期巡逻与防护，并对私自砍伐树木的行为进行处罚，阻止偷盗行为发生。

私有林：私有林为村民种植于房前屋后和自留的树木，主要以果木为主。私有林为村民私有，因此保护得较好，但政府应加强教育与科普，引导村民合理地种植和保护私有林。

2）森林修复机制

山林的修复治理应以政府为管控主体，秉持谁破坏、谁治理的原则，对全县境内受到破坏的山林进行修复治理。对于权属清晰的被破坏山林，如被采矿、修建各类基础设施、盗采盗伐等破坏的山林，责令破坏山林的当事人或单位负责对山林进行修复治理，恢复山林原貌，并处以一定的罚款。对于开荒还林地、退耕还林地和政府所属采矿基地等没有明确责任人的山林，由政府负责进行修复治理。

　　林业部门应派专人对各类林地进行定期的巡查，一旦发现有破坏林地的行为，必须立即予以查处。对于规模较大，确需建设的具有系统性影响的市政公用设施或道路交通项目，建设单位应向林业主管部门申请办理相关手续，在工程开工前制定林地的修复治理方案，得到批准后方可开始施工。竣工前，林业部门依照之前的方案对林地修复治理情况进行检查和验收。任何个人、单位均有权对破坏林地的行为进行制止和举报，对举报有功的个人或单位应给予适当的奖励。

3. 梯田环境

　　对于梯田环境的保护重点为对田埂的维护。传统的田埂由泥土堆砌而成，是梯田重要的支撑要素。但由于梯田地区地势高、高差大、雨水多的自然条件易引发山洪冲毁梯田的灾情，因此需要对田埂进行硬化处理。如图 3.1-7 所示的梯形断面既可以锁住迎水面，又可以固坡，大大缩减了村民日常维修田埂的时间成本和经济成本。

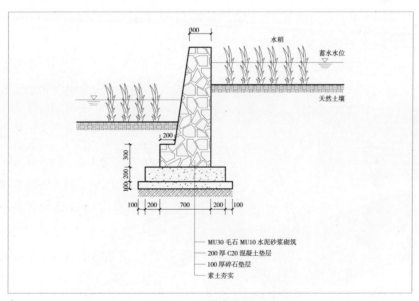

图 3.1-7 硬化田埂剖面

4. 水系环境

对水系环境的保护与修复应从水系驳岸保护和水质保护两方面进行考虑。首先，元阳地区常年多雨，传统村落内现有沟渠的构造做法和材料又较为简单，因此水系的自然驳岸极易遭受破坏，亟须得到加固设计。其次，由于生活方式的改变，大量垃圾和有害物质进入水体，使得区域内水系的水质污染严重，亟须得到保护和治理。

1）水系驳岸保护

驳岸修复主要分为两部分：直立驳岸修复、自然驳岸修复（图 3.1-8、图 3.1-9）。由于水系处于自然环境之中，大部分少有人至，因此驳岸设计宜采用较为自然的块石驳岸。块石驳岸既能保护河岸边的泥土不受水流侵蚀，又能与自然环境相融合。

①直立驳岸：水面较窄的沟渠和人迹罕至的沟渠宜采用直立驳岸类型，从而增加流水断面面积，利于排水（图 3.1-10）。②自然驳岸：水面较宽的沟渠宜采用平缓的自然驳岸类型，从而营造良好的自然景观（图 3.1-11）。

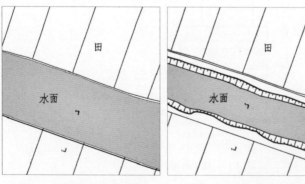

图 3.1-8 直立驳岸平面示意　　　图 3.1-9 自然驳岸平面示意

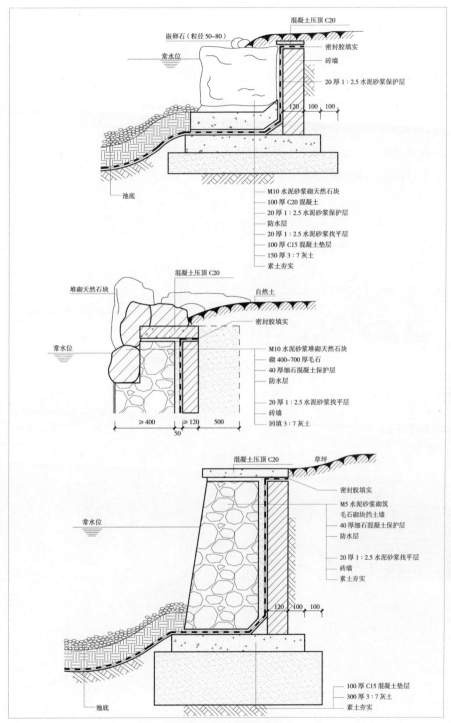

图 3.1-10 直立驳岸做法

2）水质保护

近年来，随着村落现代化和旅游业的大力发展，越来越多的污染物进入水体中，水体污染问题正变得日益严重。为有效保护和治理水体环境，村落应积极建设污水处理设施，确保生活污水经过净化且达标后再流入梯田，并对村民的生活垃圾进行积极处理，防止生活垃圾污染梯田环境。

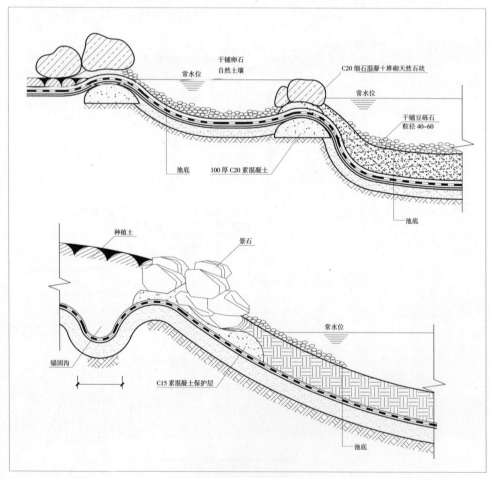

图 3.1-11 自然驳岸做法

　　对于水系本身，可在驳岸边构建小型的人工湿地净化水质。水生植物能够吸附和转化水体中的有毒、有害物质，起到净化水质的作用。岸边水生植物的配置可分为水生种植区、湿生种植区、灌草种植区和乔灌草种植区等不同种植区，在各自的种植区种植其适宜的植物种类（图 3.1-12）。多层次、多样化的植物配比形成的小型的人工湿地，不仅起到了净化水体的作用，同时也美化了环境。

图 3.1-12 水生植物配置

二、公共设施的更新与完善

公共设施为村民公共生活提供了基础的物质支撑。由于形成时间久远，且地理位置偏远，哈尼传统村落内现有公共设施陈旧，更新缓慢，对当代生活方式的服务和对旅游发展的支撑力度都较弱。为此，以勐品寨为例，针对村庄公共设施的更新与完善，从提升现有设施的品质与功能和增设所需设施两个方面，提出针对道路、广场、宅间空地等现有设施的更新策略，以及针对市政设施、环卫设施和构件设施的设计导则。

1. 道路

道路交通是一个地区发展的助推力，也是区域内部运行的"血脉"，其重要性不言而喻。对于元阳山地梯田传统村落而言，大力发展道路交通设施，无论对提高村民的生活水平还是对发展旅游业都大有裨益。但道路交通设施规模大，投资大，牵涉面广，对于元阳山地梯田地区这一具有传统性、历史性、民族性的特殊地域而言，其建设必须在保护地区生态环境和传统风貌的基础上慎重进行。下文以勐品寨为例，对村落道路设施的改善进行研究。

1）过境道路

元阳山地梯田传统村落位于偏远的山区，对外交通十分不便。近年修建的旅游环线是地域内最重要的干道，大大改善了区域内的交通条件。对于过境道路的设计，不但要在使用功能上满足要求，同时也要保护好地区的生态环境和传统风貌。勐品寨的过境交通位于村落北边，紧邻村落边缘而过（图 3.2-1、图 3.2-2）。

勐品寨现有的过境道路宽 6 m，是通往老虎嘴梯田观景台的必经之路，因而承载了大量的旅游车辆，经常发生拥堵，已不能满足使用需求。此外，现有过境道路采用沥青路面，具有较强的现代感和城市感，但与传统风貌相背离。

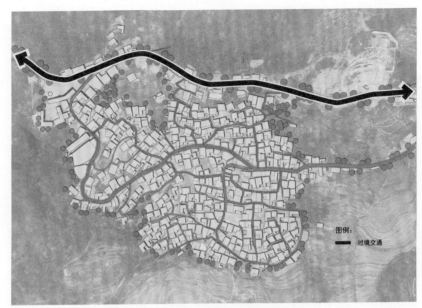

图 3.2-1 勐品寨过境道路位置

图 3.2-2 勐品寨过境道路现状

表 3.2-1 村镇道路规划技术指标

道路等级	设计行车速度（km/h）	道路红线宽度（m）	机动车道宽度（m）	每侧人行道宽度（m）
一级	40	24~32	14~20	4~6
二级	30	16~24	10~14	3~5
三级	20	10~14	6~7	0~2
四级	—	—	3.5	0

过境道路的断面设计须满足机动车通行的需求。国家现行《村镇规划标准》中给出了村镇道路设计的参考数值，如表 3.2-1 所示，但该规范针对的是全国普遍情况。元阳山地梯田地区的道路须考虑其他影响因素，以该数据为基础，对数值进行一定的修正。

综合考虑现有车流量的需求和哈尼传统村落风貌的特点两方面因素，将勐品寨过境道路的机动车道确定为双向二车道较为适宜。同时考虑到本地的机动车普及率不高、村民经常步行往返于各村落之间且有时还需牵着牲畜行走于过境道路上的现状，道路两侧应设置步行道，以供村民和牲畜通行。

过境道路的路面除了满足坚固耐用、行车平稳等功能层面的要求以外，还应在材质上与传统村落风貌相契合，避免使用沥青等现代感过强的材料，可采用石材或砌块砖等材料铺砌路面。石材的质感朴实，铺砌后的路面效果较为自然；砌块砖造价低廉、施工方便，且铺砌后路面效果整洁自然（表 3.2-2、表 3.2-3）。

2）村级主路

村级主路作为村落内最为重要的道路，一般可供机动车通行，是村落人流、物流最为重要的运输通道。哈尼传统村落现有建筑密集，因此，村级主路一般宽度较窄。勐品寨现有一条村级主路，由东到西从村落中部贯穿（图 3.2-3、图 3.2-4）。道路各处宽窄不一，窄处不到 2 m，刚够一辆车通行，宽处也不超过 3 m，为水泥现浇路面或预制水泥砖铺砌

表 3.2-2 过境道路设计要求

名称	设计时速（km/h）	道路红线宽（m）	车行道宽（m）	每侧人行道宽（m）
过境道路	30	6.5~7.5	5~6	1.5

表 3.2-3 过境道路设计范例

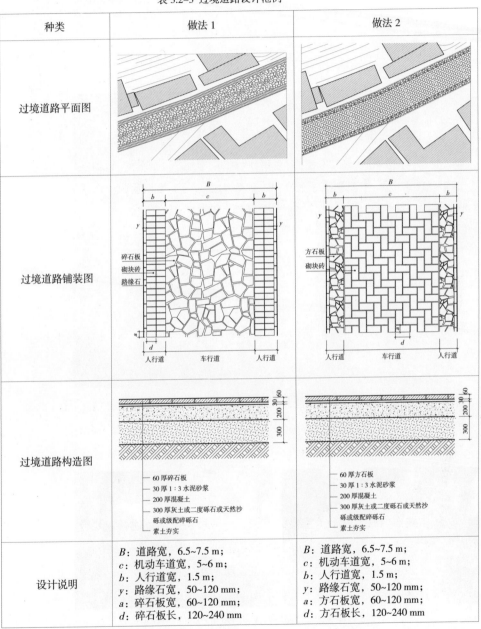

种类	做法 1	做法 2
过境道路平面图		
过境道路铺装图	碎石板 砌块砖 路缘石 人行道 车行道 人行道	方石板 砌块砖 人行道 车行道 人行道
过境道路构造图	— 60 厚碎石板 — 30 厚 1:3 水泥砂浆 — 200 厚混凝土 — 300 厚灰土或二度砾石或天然沙 砾或级配碎砾石 — 素土夯实	— 60 厚方石板 — 30 厚 1:3 水泥砂浆 — 200 厚混凝土 — 300 厚灰土或二度砾石或天然沙 砾或级配碎砾石 — 素土夯实
设计说明	B: 道路宽，6.5~7.5 m； c: 机动车道宽，5~6 m； b: 人行道宽，1.5 m； y: 路缘石宽，50~120 mm； a: 碎石板宽，60~120 mm； d: 碎石板长，120~240 mm	B: 道路宽，6.5~7.5 m； c: 机动车道宽，5~6 m； b: 人行道宽，1.5 m； y: 路缘石宽，50~120 mm； a: 方石板宽，60~120 mm； d: 方石板长，120~240 mm

路面（表 3.2-4）。

　　在条件允许的情况下，勐品寨村级主路的部分路段应考虑适当拓宽至 2.5~3.5 m，以满足双向行驶的车辆错车需求。村级主路的路面材料宜选用天然石材或砌块砖，使路面效果自然，与哈尼传统村落的风貌相符合（表 3.2-5）。

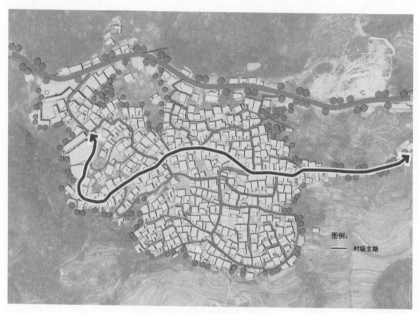

图 3.2-3 勐品寨村级主路位置

图 3.2-4 勐品寨村级主路现状

表 3.2-4　勐品寨村级主路设计要求

道路名称	功能定位	道路宽度	设计车速	路面材料
村级主路	村内最重要的人流、物流通道	2.5~3.5 m	10 km/h	透水混凝土或毛石

表 3.2-5　勐品寨村级主路设计范例

种类	做法 1	做法 2
村级主路平面图		
村级主路铺装图		
村级主路构造图	 — 60 厚碎石板 — 30 厚 1:3 水泥砂浆 — 100 厚 C15 混凝土 — 300 厚粒径 5~32 卵石灌 M2.5 混合砂浆，宽出面层 300 — 素土夯实	 — 60 厚方石板 — 30 厚 1:3 水泥砂浆 — 100 厚 C15 混凝土 — 300 厚粒径 5~32 卵石灌 M2.5 混合砂浆，宽出面层 300 — 素土夯实
设计说明	B：道路宽，2.5~3.5 m； c：碎石板路面； y：路缘石宽，50~120 mm	B：道路宽，2.5~3.5 m； c：方石板路面； y：路缘石宽，50~120 mm； a：方石板宽，60~120 mm； d：方石板长，120~240 mm

勐品寨村内高差过大，村级主路延伸至村落西北角后便不再具备机动车通行条件，形成不环通的断头路。因此，考虑在靠近村级主路西端的位置设置一个回车场，以方便车辆回车行驶（图 3.2-5）。回车场大小约为 12 m×13 m，铺地材料为毛石或透水混凝土（表 3.2-6）。

3）组团路

组团路是村落内相比村级主路次一级的道路，其主要作用是划分组团，承担组团间人流、物流的运输功能。由于哈尼传统村落地形条件特殊，村内的组团路普遍高差较大，不能满足机动车通行的要求（图 3.2-6、图 3.2-7）。

哈尼传统村落建筑布局紧密，组团路的道路宽度较窄，一般仅仅满足人畜通行。据此，将组团路的宽度确定为 1.5~2.5 m。组团路应顺应地形进行设计，平行或垂直于等高线布置。组团路道路的形式采用坡道或台阶，若采用坡道，则应做一定的防滑处理。组团路路面材质的选择应遵循符合村落传统风貌的原则，以自然朴素的天然石材为佳（表 3.2-7、表 3.2-8）。

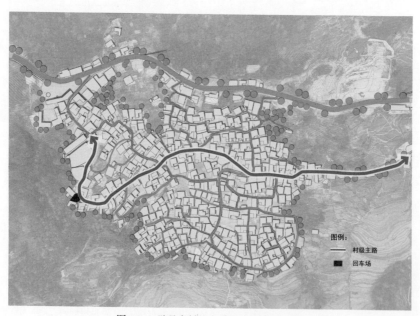

图 3.2-5 勐品寨村级主路配套回车场位置

表 3.2-6 勐品寨村级主路配套回车场设计范例

种类	做法 1	做法 2
回车场平面图		
回车场铺装图		
回车场构造图	 — 30 厚 4~6mm 粒径透水混凝土 — 120 厚 5~12mm 粒径透水混凝土 — 200 厚 5~20mm 粒径级配碎石夯实 — 素土夯实	 — 60 厚碎石板 — 30 厚水泥砂浆 — 200 厚混凝土 — 300 厚灰土或二灰碎石 — 素土夯实
设计说明	1：以 5 m×5 m 见方设置伸缩缝，缝宽 10~15 mm； 2：路缘石宽度为 50~120 mm； 3：透水混凝土有利于地表水的下渗，但造价较高，建议有条件的村落采用	1：石板为当地天然石材； 2：路缘石宽度为 50~120 mm； 3：石板间用水泥砂浆勾缝

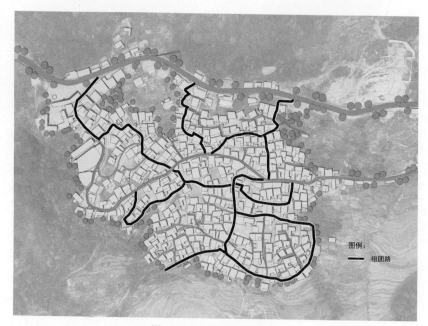

图 3.2-6 勐品寨组团路位置

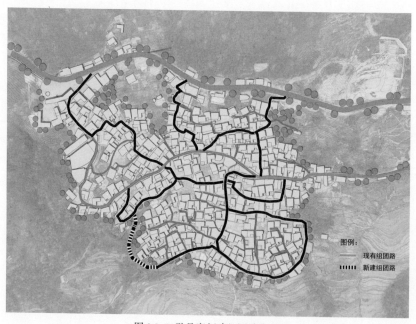

图 3.2-7 勐品寨新建组团路位置

表 3.2-7 勐品寨组团路设计要求

道路名称	功能定位	能否通车	道路宽度	道路形式	路面材料
组团路	组团间人流、物流的运输	否	1.5~2.5 m	坡道或台阶	石材

表 3.2-8 勐品寨组团路设计范例

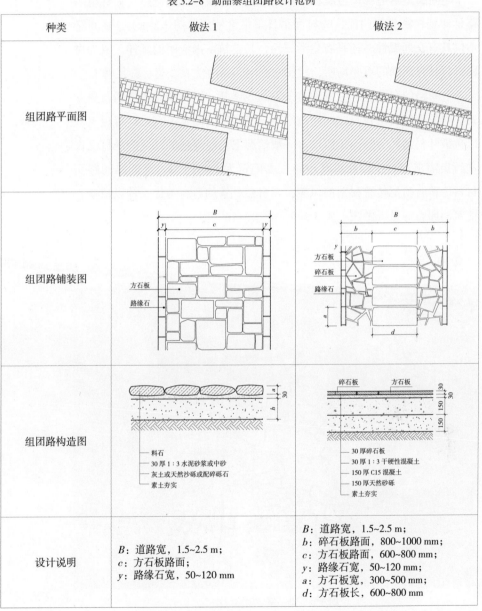

种类	做法 1	做法 2
组团路平面图		
组团路铺装图	方石板 路缘石	方石板 碎石板 路缘石
组团路构造图	料石 30 厚 1:3 水泥砂浆或中砂 灰土或天然沙砾或配碎砾石 素土夯实	30 厚碎石板 30 厚 1:3 干硬性混凝土 150 厚 C15 混凝土 150 厚天然砂砾 素土夯实
设计说明	B:道路宽,1.5~2.5 m; c:方石板路面; y:路缘石宽,50~120 mm	B:道路宽,1.5~2.5 m; b:碎石板路面,800~1000 mm; c:方石板路面,600~800 mm; y:路缘石宽,50~120 mm; a:方石板宽,300~500 mm; d:方石板长,600~800 mm

　　勐品寨的组团路道路格局总体较好，唯西南角处有部分路段没有环通，建议将其补全，形成环通的路网格局，使交通更为通畅。

　　4）宅间路

　　宅间路是哈尼梯田传统村落道路系统中等级最低的道路，它从组团路延伸到村民各户门前，为村民平日里最常使用（图 3.2-8）。宅间路不仅具有交通属性，还具有生活属性，是建筑室内空间的延伸，成为村民进行日常活动的重要场所，村民常在宅间路边洗衣洗菜、驻足聊天。

　　宅间路的布置应平行或垂直于等高线展开，同时顺应建筑的布局方式。哈尼传统村落建筑之间距离窄小，宅间路的路宽不宜设计得过大，以免破坏村落的传统建筑肌理。一般情况下，宅间路的路宽满足村民日常行走需求即可，因此将其道路宽度确定为 1.0~1.5 m。宅间路的路面材料应符合哈尼传统村落的风貌，以自然朴素的石材为优，辅以植草、铺筑鹅卵石等景观做法（表 3.2-9、表 3.2-10）。

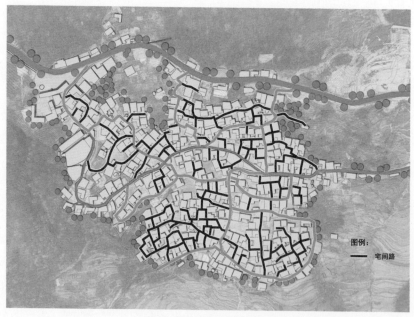

图 3.2-8 勐品寨宅间路位置

表 3.2-9　勐品寨宅间路设计要求

道路名称	功能定位	能否通车	道路宽度	道路形式	路面材料
宅间路	各家宅前服务性道路	否	1.0~1.5 m	坡道或台阶	石材

表 3.2-10　勐品寨宅间路设计范例

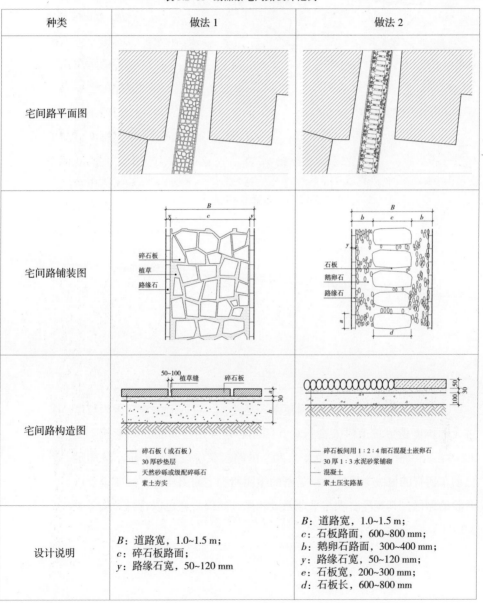

种类	做法 1	做法 2
宅间路平面图		
宅间路铺装图		
宅间路构造图		
设计说明	B：道路宽，1.0~1.5 m； c：碎石板路面； y：路缘石宽，50~120 mm	B：道路宽，1.0~1.5 m； c：石板路面，600~800 mm； b：鹅卵石路面，300~400 mm； y：路缘石宽，50~120 mm； e：石板宽，200~300 mm； d：石板长，600~800 mm

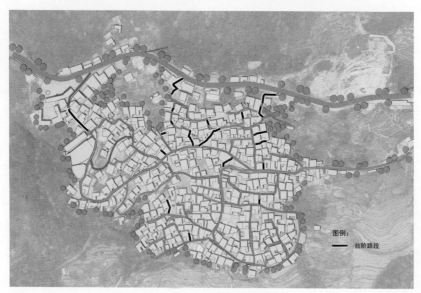

图例：
—— 台阶路段

图 3.2-9 勐品寨台阶路段分布

5）台阶

　　山地梯田地区传统村落地形复杂、高差大，村内道路常常因为坡度过大而不能做成坡道供人畜行走，因此必须采用台阶的处理形式（图3.2-9）。一般情况下，坡度大于20°的路段就应设置成台阶。除满足机动车通行的村级主路外，勐品寨的组团路和宅间路均存在需要设置成台阶的路段，其宽度要求与平地路段相同，路面材料也以石材为优（表3.2-11）。

表 3.2-11　勐品寨台阶路段设计范例

种类	做法 1	做法 2
台阶平面图		
台阶铺装图	碎石板 收边条石 方石板 路缘石	鹅卵石 收边条石 路缘石
台阶路段剖面	地面铺装 砂浆勾缝 排水坡向 地面铺装 60 厚碎石板 30 厚 1:3 水泥砂浆 钢筋混凝土台阶 100 厚 C15 混凝土 300 厚粒径 5~32 卵石灌 M2.5 混合砂浆 素土夯实	地面铺装 料石收边 排水坡向 地面铺装 40 厚水系鹅卵石 30 厚 1:3 水泥砂浆 钢筋混凝土台阶 100 厚 C15 混凝土 300 厚粒径 5~32 卵石灌 M2.5 混合砂浆 素土夯实
设计说明	1：踏步高度 a、宽度 b 由具体设计而定； 2：混凝土标号不低于 C20； 3：台阶排水坡度不小于 2%； 4：台阶宽度 B 根据道路宽度而定	1：踏步宽度 a、高度 b 由具体设计而定； 2：混凝土标号不低于 C20； 3：台阶排水坡度不小于 2%； 4：台阶宽度 B 根据道路宽度而定

图 3.2-10 勐品寨停车场地现状

图 3.2-11 勐品寨村内随意停放的机动车

2. 停车场

近年来，哈尼梯田遗产区旅游业的发展和村民自身机动车保有量的提高，使得村落对于机动车停车场地的需求越来越大。在解决村民自用停车问题上，勐品寨村内没有设置专用的停车场地，仅将村落中部的两片集中空地开辟为临时停车场（图 3.2-10、图 3.2-11）。而在解决游客停车问题上，更是未设一处可供游客使用的集中停车场地，游客车辆只能沿路停放，严重影响了交通秩序。

图 3.2-12 勐品寨新建停车场地布置

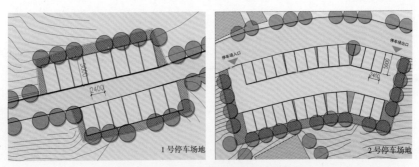

图 3.2-13 勐品寨新建停车场地平面布置

　　为了减少停车场建设对村落传统格局的影响和对历史风貌的破坏，考虑取消现有村落中心的停车场，在勐品寨村口的村级主路旁新建停车场地。为解决游客停车的问题，在沿过境道路紧靠老虎嘴景区处新建一个游客停车场，以缓解此区域停车位紧张的现状（图 3.2-12、图 3.2-13）。停车场的地面材料宜采用植草砖，植草砖既方便、耐用，又能增加绿化场地（表 3.2-12）。

表 3.2-12　勐品寨停车场地设计范例

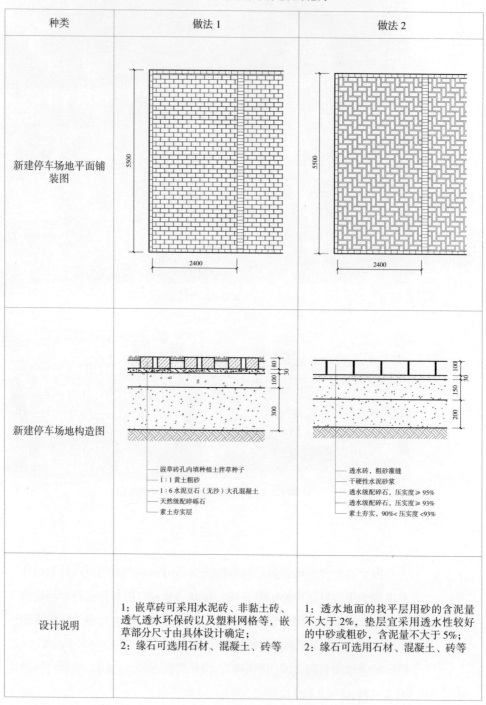

种类	做法 1	做法 2
新建停车场地平面铺装图		
新建停车场地构造图	嵌草砖孔内填种植土拌草种子 1:1黄土粗砂 1:6水泥豆石（无砂）大孔混凝土 天然级配碎砾石 素土夯实层	透水砖，粗砂灌缝 干硬性水泥砂浆 透水级配碎石，压实度≥95% 透水级配碎石，压实度≥93% 素土夯实，90%<压实度<93%
设计说明	1：嵌草砖可采用水泥砖、非黏土砖、透气透水环保砖以及塑料网格等，嵌草部分尺寸由具体设计确定； 2：缘石可选用石材、混凝土、砖等	1：透水地面的找平层用砂的含泥量不大于2%，垫层宜采用透水性较好的中砂或粗砂，含泥量不大于5%； 2：缘石可选用石材、混凝土、砖等

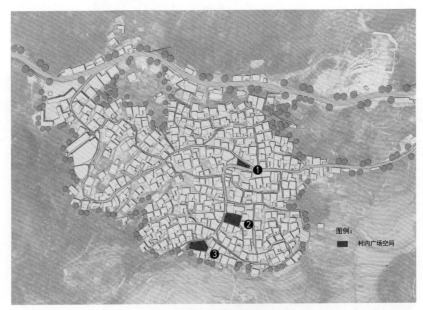

图 3.2-14 勐品寨内广场空间分布

图 3.2-15 勐品寨内广场现状

3. 广场

　　哈尼传统村落的建筑布局紧凑，大、小广场空间置于建筑之间，是村民进行集会、休闲的重要场所。如图 3.2-14 所示的勐品寨村落中形成了三块较为平整的集中空地作为广场空间，但其现状多用于停车或堆放杂物（图 3.2-15），没有很好地为村民的生活、休闲服务。勐品寨的三个广场空间可分别改造成休闲、集会、体育为主题的村民日常活动中心，以更好地服务于村民的日常生活需求。

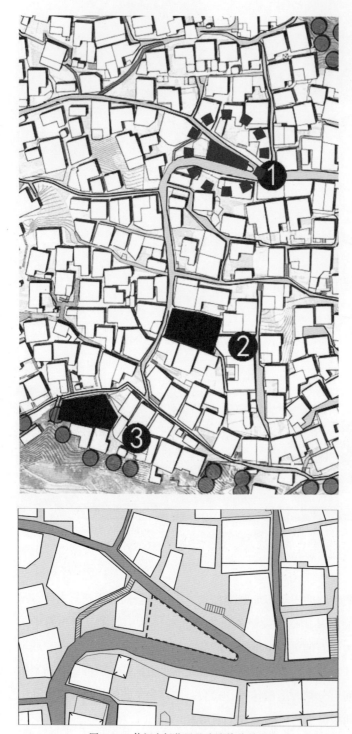

图 3.2-16 休闲广场位置及改造前总平面

1）休闲广场

1号广场东西长约18 m、南北宽约7.5 m。其形态狭长，且位于两条道路夹角处，适宜做成街头休闲广场（图3.2-16~图3.2-18）。在广场中可配备休闲空地、绿化、座椅等，供人们休憩闲谈，打造开敞、宜人、有活力的空间氛围。

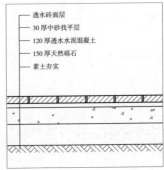

图3.2-17 休闲广场地面铺装及构造

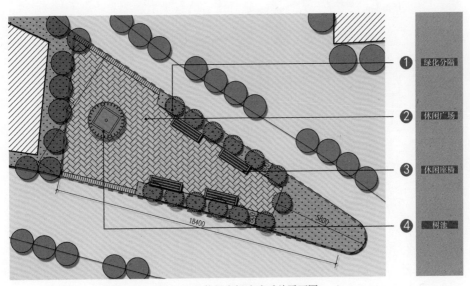

图 3.2-18 休闲广场改造后总平面图

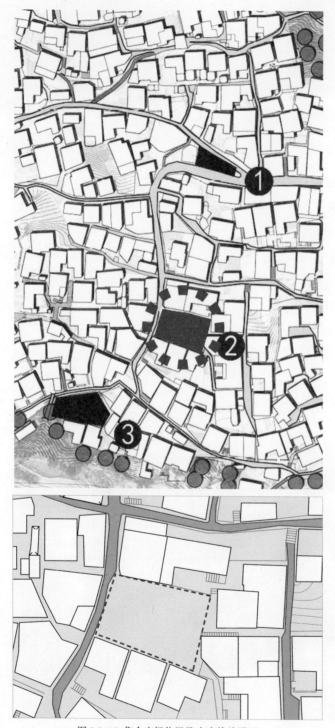

图 3.2-19 集会广场位置及改造前总平面

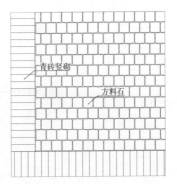

2）集会广场

2 号广场东西长约 20 m、南北宽约 13 m，是村落内面积最大的一片场地，可将其改造成集会广场，配备休闲座椅和绿化，在哈尼族人举办节庆活动时满足对于大型集中场地的需求，在平日里则作为村民的日常活动休闲场地（图 3.2-19~ 图 3.2-21）。

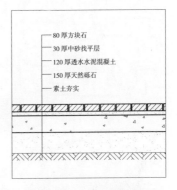

图 3.2-20 集会广场地面铺装及构造

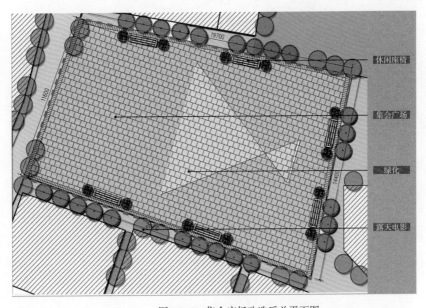

图 3.2-21 集会广场改造后总平面图

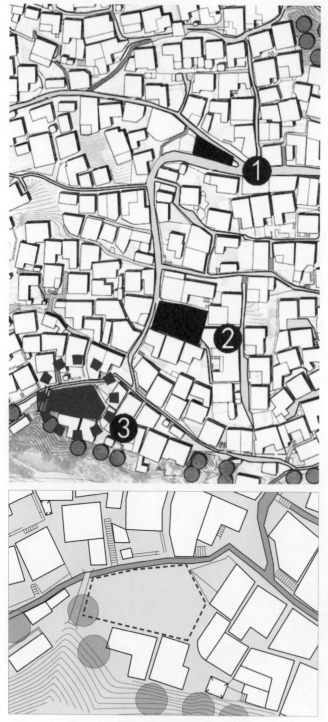

图 3.2-22 体育广场位置及改造前总平面

3）体育广场

3 号广场位于村落南边靠近梯田处，东西长约 21 m、南北宽约 10 m。在广场中可布置半场篮球场、乒乓球场、健身器材等体育设施，方便村民日常健身和进行锻炼（图 3.2–22~ 图 3.2–24）。

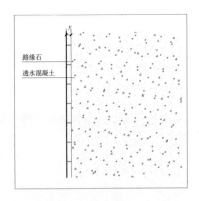

路缘石
透水混凝土

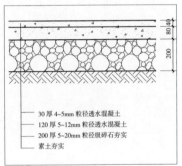

── 30 厚 4~5mm 粒径透水混凝土
── 120 厚 5~12mm 粒径透水混凝土
── 200 厚 5~20mm 粒径级碎石夯实
── 素土夯实

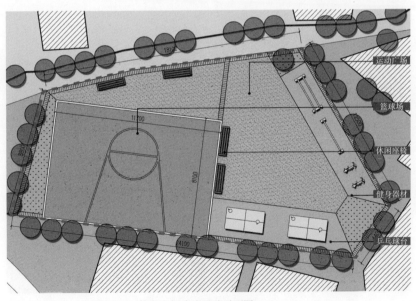

运动广场
篮球场
休闲座椅
健身器材
乒乓球台

图 3.2–24 体育广场改造后总平面图

4. 宅间空地

宅间空地指的是民居宅前屋后的碎片化空地，其作为村落内重要的空间资源，可为村民的日常生活提供活动场地。应根据宅间空地的具体条件进行合理的设计，使其为村民日常活动服务，成为村内公共空间的重要组成部分（图 3.2-25~ 图 3.2-28）。

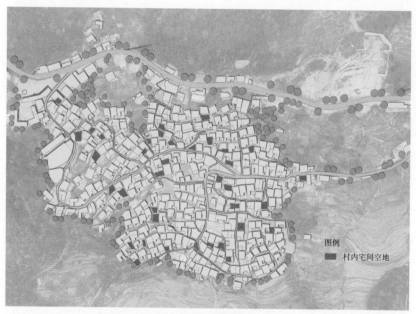

图例
村内宅间空地

图 3.2-25 勐品寨宅间空地分布

图 3.2-26 宅间空地现状

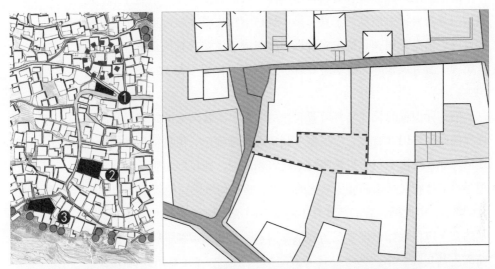

图 3.2-27 案例宅间空地位置及改造前总平面

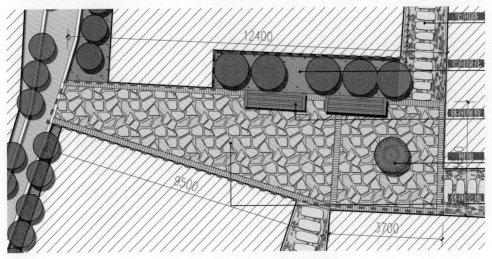

图 3.2-28 案例宅间空地改造后总平面图

5. 构件设施

构件设施指的是可复制、可移动的尺寸较小的外部空间设施。构件设施是丰富村落公共空间的要素，在旅游业的大力发展中，还可成为引导游客有序游览的重要物质载体。

主要构件设施有：信息标识牌、树池和座椅。

1）信息标识牌

信息标识牌是为游客提供村落地图、村落历史简介、景点介绍、道路指引等重要导引信息的工具，是传统村落在旅游发展过程中重要的配套设施。信息标识牌系统由多种标识牌组成，主要有景区全景牌、景点介绍牌、服务设施牌、警示忠告牌、道路指示牌等（表 3.2-13、表 3.2-14）。

信息标识牌的尺寸与其所要表达的内容、游客浏览的距离以及游客视线的高度等因素有关，应根据不同情况合理确定。信息标识牌的设计还应考虑在尺度上与哈尼传统村落建筑相匹配，建议标识牌的高宽不得超过哈尼传统民居单面墙体高宽的一半，哈尼传统民居的墙面高约 4 m、宽约 8 m，因此标识牌的高度宜不高于 2 m，宽度宜不大于 4 m。标识牌上的文字应根据标识设置现场规格等因素，首先确定视觉认知距离，进而确定其实际大小，参考公式为 H（文字高度）= L（观看距离）/20。信息标识牌的颜色以棕黄色调为佳，与哈尼传统村落土坯墙的黄色调相契合。标识牌的材质以木质为佳，也可选用金属，外涂棕黄色调的油漆，在与传统村落色调和风貌相协调的同时，兼顾强度与耐用性的需求。

2）树池

树池是开敞空间重要的组成部分，其作用是丰富景观要素以及提供休憩设施，形成公共活动空间。

树池的尺寸一方面考虑树木的尺寸，另一方面考虑所要营造的公共空间的尺度而定。建造材料应以石、木等天然材料为优，以匹配村落传统风貌，不宜采用金属、塑料树箅子或彩色透水混凝土等材料（表 3.2-15）。

表 3.2-13 信息标识牌的类型和设置要求

类型	设立位置	应标明的信息
景区全景牌	景区主要出入口处	景区全景地图、景区所处区位、面积、主要景点、服务点、游览线路、咨询投诉和紧急救援电话号码等信息
景点介绍牌	每个分景点处	景点名称、内容、背景、最佳游览观赏方式等信息
服务设施牌	各个服务设施处	停车场、售票处、游客中心、厕所、餐饮点等各服务设施名称
警示忠告牌	需要向游客发出提醒或可能发生危险处	安全警告、友情提示等提示信息
道路指示牌	各个道路交叉口	道路名称

表 3.2-14 信息标识牌设计要求

功能	种类	设置位置	尺寸	材料	颜色
为游客提供村落地图、村落历史简介、景点介绍、道路指引等重要旅游信息	主要有景区全景牌、景点介绍牌、服务设施牌、警示忠告牌、道路指示牌	出入口、分景点、服务设施处、危险处、道路交叉口	与表达的内容、浏览距离以及游客视线的高度等因素有关，原则上高宽分别不大于 2 m 和 4 m	木材或金属	棕黄色调

表 3.2-15 树池设计要求

功能	形式	设置的位置	尺寸大小	材料
种植各类植物	方形、圆形、不规则形	广场、宅间空地等公共空间处	平面大小视植物尺寸而定，高度 400~500 mm	石材或木材

3）座椅

座椅既是基础的道路配套设施，又是重要的乡村家具，常置于路边或广场周围，可为村民的日常公共生活提供物质支撑。近年来，到哈尼传统村落中游览的游客越来越多，作为供人们休息的座椅的重要性也越来越突出。

座椅宜沿着村落内人流较多的道路布置，或结合村内广场、路口等节点空间布置，从而提高座椅的使用率和服务效率。座椅的布置间距以50 m为宜。座椅设计应当符合传统村落的风貌，宜采用古朴自然的风格。座椅的色调以棕黄色调为佳，以与哈尼传统村落土坯墙的黄色调相契合。座椅的材质以石、木等自然材料为佳，从而更好地融入传统村落和自然环境中。

6. 市政设施

市政设施是哈尼传统村落中重要的基础设施，主要包括传统沟渠系统、给水系统、污水排放和处理系统、电力电信设施、消防设施、照明设施等。下文以阿者科为例，针对市政设施的更新与完善进行研究，提出导则性策略和建议。

1）传统沟渠系统

（1）传统沟渠系统现状分析

一方面随着村落的发展，阿者科水系有限的承载力已不足以满足村民的日常生活所需，且传统沟渠的部分沟段破损严重，影响了沟渠的正常使用。另一方面，各类生活垃圾淤积在沟渠内，造成沟渠堵塞、排水不畅，当有较大水流涌入时，甚至出现污水倒灌道路的情况，而大量垃圾顺着灌溉水渠进入梯田，也严重影响了农业生产，给村民的生产生活造成极大不便（图3.2-29、表3.2-16）。

（2）传统沟渠系统整治措施

①加固沟渠：对于仍采用自然土质沟渠的渠段进行渠面的硬化改造，采用毛石砌筑渠底和渠壁，提高沟渠的耐久性。②统一沟渠形式：统一村庄内的排水沟形式，将大渠按照排水量分为上、中、下三段（图3.2-30），每段采用相应的沟渠断面尺寸，以适应其对等的排水量，小沟使用另外

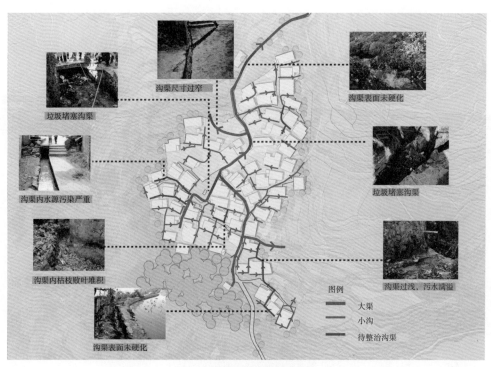

图 3.2-29 阿者科沟渠系统现状

表 3.2-16 阿者科沟渠系统现存问题及其成因

沟渠系统存在的问题	造成此现象的原因
渠体破损；尺寸不统一且不满足排水需求	沟渠系统缺少良好的设计和日常维护，沟渠工程质量不高，破损后没有得到及时的修复
垃圾阻塞造成排水不畅，污染村落和梯田环境	缺少阻挡垃圾进入沟渠的必要设施以及对已经进入沟渠内的垃圾的处理设施，缺少必要的自净能力

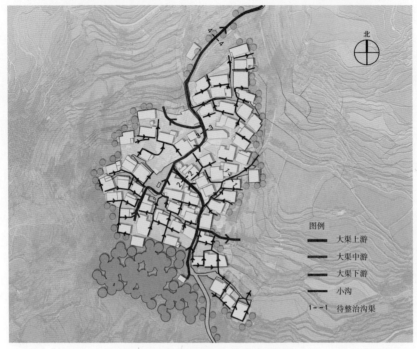

图 3.2-30 阿者科沟渠系统整治分段

一种断面尺寸（图 3.2-31），所有沟渠使用混凝土材料，从而提高使用寿命。③设置盖板和沉淀池：为沟渠添加盖板，变明沟为暗沟，以降低零散垃圾进入水系的概率。在大渠上、中、下三段的交接处设置垃圾沉淀池和拦截垃圾的铁栅栏，截留沟渠内的垃圾（图 3.2-32、图 3.2-33）。④垃圾清理：在村寨内安排专人定期清理水系内淤塞的垃圾，并对沟渠进行疏通，保证水系的畅通和清洁。

2）给水系统

给水系统为人们的生产、生活提供清洁水源，是人们日常生活必不可少的基础设施系统。哈尼传统村落的日常用水都来自高山森林内涵养的天然水源，哈尼族人将水源从山上引下来，储存于村落最高处的蓄水池内，待泥沙沉淀后，再利用管道将水输送到村内供村民使用。

哈尼传统村落的蓄水池普遍处于良好的状态，水质和水量基本能满足村民的日常需求。但随着村落的现代化发展，有必要在村落内建立自来水供水系统，使自来水入户率达到100%。

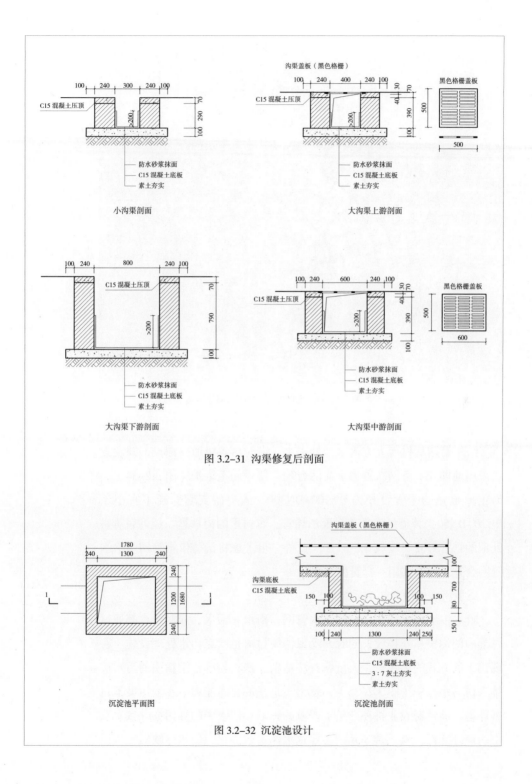

小沟渠剖面

大沟渠上游剖面

大沟渠下游剖面

大沟渠中游剖面

图 3.2-31 沟渠修复后剖面

沉淀池平面图

沉淀池剖面

图 3.2-32 沉淀池设计

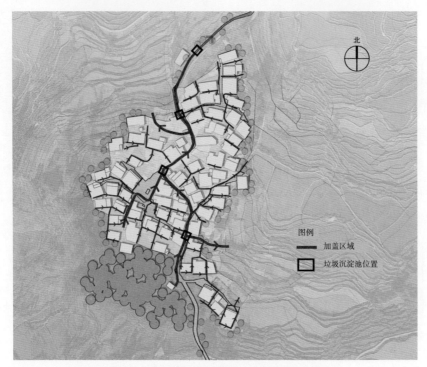

图 3.2-33 阿者科沟渠加盖板区域和沉淀池位置

给水管网从村落上方蓄水池处引水，沿村落各级道路铺设，铺设方式采用地埋式。管网布置力求简洁合理，便于施工维护（图 3.2-34）。沿主要道路的干管直径为 DN100~DN300，入户的支管管径不宜小于 DN20~DN50。管道可选择塑料聚乙烯管、有衬里的铸铁管、经可靠防腐处理的钢管等管材（表 3.2-17）。此外，可考虑将消防供水管网与给水管网合并，两者共用一套管网系统。

3）污水处理及排放系统

哈尼传统村落没有单独的污水管网，雨水、污水、灌溉用水都通过村落内的沟渠系统排放；同时，哈尼传统村落也没有污水处理设施。在现代生活方式的影响下，大量含有洗洁精、洗衣粉等化学物质的污水被排入村落水系中（图 3.2-35），超出了水系的自净能力，不但污染了村落环境，而且对农业耕种产生了严重的影响。污水中的油污会导致水系中的鱼虾死亡；氮、磷等元素会导致水体富营养化，使水体缺氧发臭；

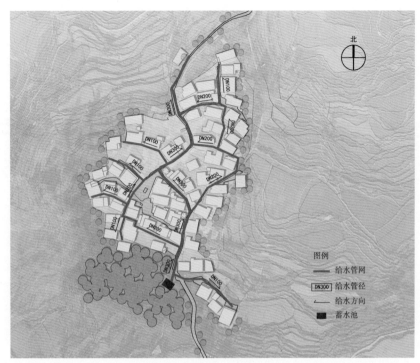

图 3.2-34 阿者科给水管网布置

表 3.2-17 阿者科给水管网设计指标

功能	铺设方式	铺设位置	管道类型	管径	供水方式	特色功能
作为村内自来水的供水管道	地埋式	沿村内各级道路铺设	干管和支管两种	干管 DN100~DN300 支管 DN20~DN50	依靠蓄水池水压供水	兼做消防供水管道

图 3.2-35 受污染的沟渠

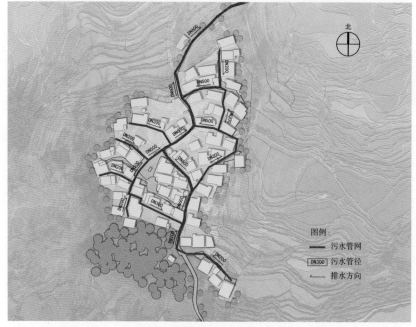

图 3.2-36 阿者科污水管网布置

水中垃圾溶解出的有毒元素会被水稻等农作物吸收，危害人体健康。因此，亟须建立独立的排污管网和相应的污水处理设施，来修复、改善山地梯田地区传统村落日益恶化的水体环境。

（1）新建污水管网

对阿者科村落内的排水系统进行"雨污分离"改造，传统的沟渠系统只作为灌溉和疏排雨水之用，另新建一套地下污水管网，采用地埋的形式，承担村民日常生活废水的排放功能（图 3.2-36、图 3.2-37、表 3.2-18）。

（2）新建污水处理池

在阿者科村尾新建污水处理池，污水处理池与污水管网相接。污水先流入污水处理池，经处理达标后再排放到沟渠系统中。村落内产生的生活、生产污水经污水管网流入污水处理池中，采用厌氧发酵法、活性污泥法等方法对污水进行无害化处理（图 3.2-38）。经过处理后的污水普遍含有较多的有机化合物，是良好的肥料，可在需要时将污水处理池中的污水排入沟渠系统，用以肥田。

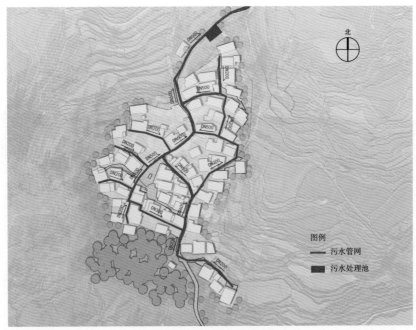

图 3.2-37 阿者科污水处理池布置

表 3.2-18 阿者科污水管网设计指标

功能	铺设方式	铺设位置	管道类型	管径	排水方式	管道坡度
专用于村民生活生产污水的排放	地埋式	沿村内各级道路铺设	干管和支管两种	干管 DN400~DN600，支管 DN200~DN300	依靠重力	≥0.4%

4）电力电信设施

电力电信设施是为村落提供电能和各类通信信号的基础设施，电力电信设施的建设是哈尼传统村落现代化过程中重要的配套工程。哈尼传统村落的电力设施普及率较高，供电入户率约为100%，但电信设施普及率低，仅中心集镇和旅游开发较好的村落配有完善的电话、电视和网络设施。

（1）电力电信线路入地埋设

电力电信线路主要包括输电线路、有线电视线路、电话线路、网络

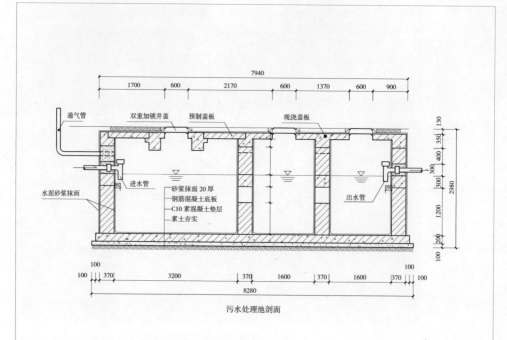

污水处理池剖面

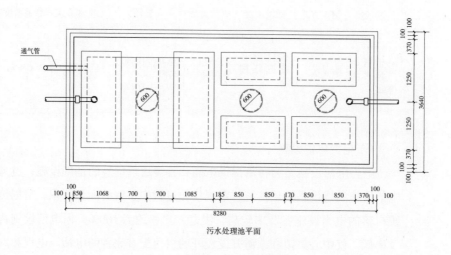

污水处理池平面

图 3.2-38 污水处理池设计

线路，其中第一项是电力线路，后三项是电信线路。对阿者科进行电力电信线路的改造时，应将电力电信线路进行埋地处理，以恢复村落良好的风貌。线路应沿村落内的道路铺设，自然曲直、拉平。铺设时应避开山体滑坡、崩石等自然灾害易发的地段，以降低线路的受损率。电力线路和电信线路同路铺设时，应将两者置于道路的两边，以防止强弱电相互干扰（图 3.2–39、表 3.2–19）。

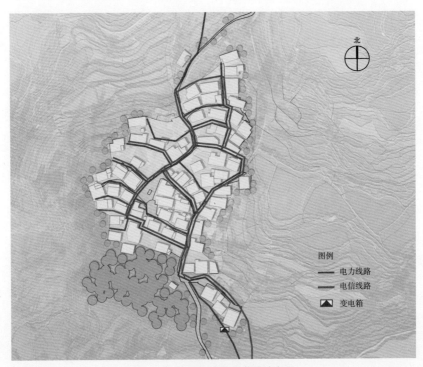

图 3.2–39　阿者科电力电信线路布置

表 3.2–19　电力电信线路铺设要求

类别	所含线路	铺设方式	铺设位置	注意事项
电力	电力线	沿路地埋	道路一边	铺设时应避开自然灾害易发地段
电信	有线电视、电话、网络	沿路地埋	道路另一边	铺设时应避开自然灾害易发地段

（2）中转设备外包设计

电力电信中转设备是在电力电信线路上控制和转换电力、通信信号的设备，主要包括变电箱、网络分配箱、有线电视分配箱等。中转设备的外观现代感较强，多采用金属材质，与哈尼传统村落的风貌格格不入。因此，可采用竹木等自然材料做成格栅围栏外包于设备之上，使其与村落风格相协调（图 3.2-40）。

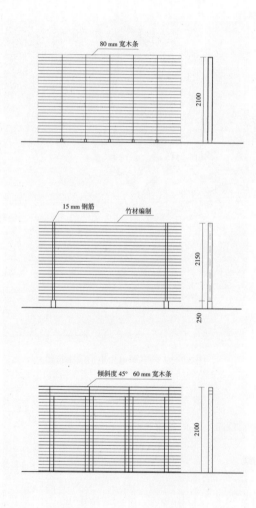

图 3.2-40 中转设备外包格栅做法

（3）大型信号塔移位

　　信号塔是一种无线信号发射装置，随着移动通信设备的普及，对无线通信信号的需求迅速增加，越来越多的信号塔出现在哈尼传统村落中。它们有的独立成塔，有的借助现有建筑的高度架设于屋顶之上。阿者科村落中心广场旁的一座建筑的屋顶上架设的无线信号塔，对村落的传统风貌造成了很大的破坏（图3.2-41）。

图 3.2-41 阿者科现有通信信号塔位置

信号塔不应设置于村落重要观景点的视线范围之内，影响到主要景观面，而应设置于村落外围，并保持一定的视线距离。如阿者科村西地势较陡峭，是人们日常活动较少的区域，较为适宜放置信号塔（图 3.2-42）。可对信号塔的外观进行仿生处理，采用仿生树枝等对信号塔的外观进行装点，使其与周围环境更好地融合。

5）消防系统

消防系统是承担防火、灭火任务的基础设施，建立健全完整的消防系统是哈尼传统村落普遍需要急切解决的问题。哈尼传统民居多为土木结构，其传统的"蘑菇房"采用了极易燃烧的茅草作为屋顶材料，稍有不慎便会引发火灾，而缺少成体系的消防设施使得村落存在着极大的安

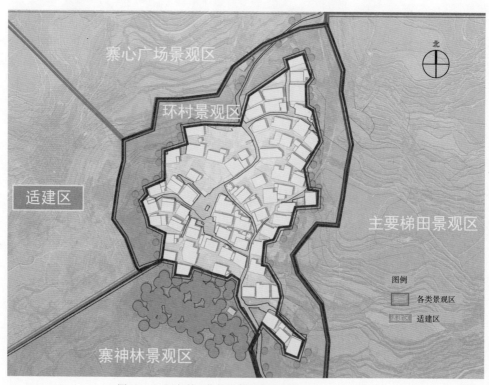

图 3.2-42 阿者科通信信号塔适建区分析

全隐患。针对消防系统的完善，下文以阿者科为例提出具体方案。

（1）设立消防水源

利用阿者科的地势，在地势高处设立单独的消防水池，用以储存消防用水。消防用水平日也可供村民使用，但应根据相关标准，保证一定的存水量（图 3.2-43）。

（2）设立消火栓

根据阿者科高差大、道路崎岖、消防车不能通行的现状，将消火栓服务半径设定为 30 m。利用村落内的自来水供水管网，沿路设置消火栓。在不影响交通的情况下，消火栓应尽量靠近十字路口设置，以方便使用（图 3.2-44）。

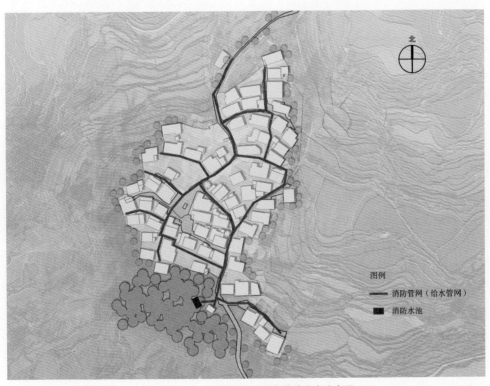

图 3.2-43 阿者科消防水池布置

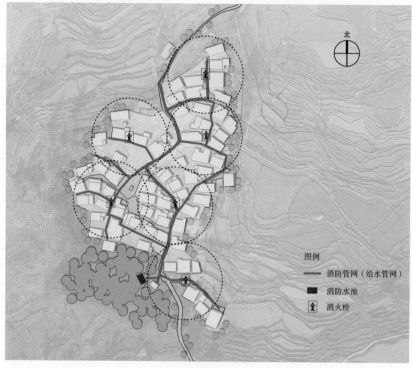

图 3.2-44 阿者科消火栓布置

6）照明设施

照明设施是现代城镇中重要的配套设施，除个别旅游业发展较好的村落外，哈尼传统村落普遍存在照明设施不足的情况。哈尼传统村落高差大、地形复杂，若没有照明设施，夜间穿行其间极为不便，还伴有安全隐患。因此，十分有必要在哈尼传统村落中增加照明设施。

如阿者科村落中，应在村级主路、宅间路与组团路的交叉路口以及村口、寨心场等重要公共空间节点处增设路灯（图 3.2-45）。路灯灯杆的设计应朴素大方，在符合传统村落色调与风貌的同时，兼顾强度与耐用性需求（表 3.2-20）。

7. 环卫设施

环卫设施对于保持村落的环境整洁和村民健康起到重要的作用。随着哈尼传统村落的现代化和旅游业发展，村落内的各类垃圾、人畜排泄

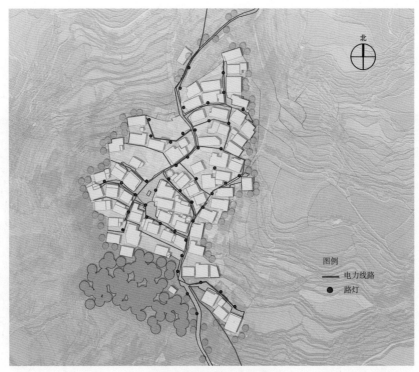

图 3.2-45 阿者科路灯布置

表 3.2-20 路灯设置要求

布置位置	布置方式	灯杆高度	间距	光源强度	光源色温
村级主路、宅间路与组团路的交叉路口以及村口、寨心场等重要公共空间节点处	沿路单侧布置	3.5 m 左右	10~15 m	30~35 W	≤ 3700 K

物总量与日俱增，已经超过了村落环境的承载量，个别村落甚至存在垃圾、牲畜排泄物随地堆积的情况（图 3.2-46），哈尼传统村落的环卫设施亟须得到改造。

1）垃圾桶

作为分散在村落各处、收集村民日常生活垃圾的设施，垃圾桶宜设置在村落的主要道路和公共空间处（图 3.2-47、表 3.2-21）。

图 3.2– 46 村落内垃圾遍地

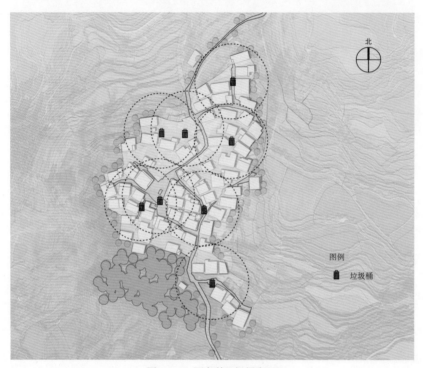

图 3.2–47 阿者科垃圾桶布置

表 3.2–21 垃圾桶设计要求

功能	设置原则	设置位置	服务半径	材质
收集村民日常生产、生活产生的垃圾	方便性、隐蔽性	路边、房前屋后	≤ 30 m	木、金属

2）垃圾收集点

垃圾收集点用来集中堆放从各个垃圾桶收集来的垃圾，是村落的垃圾转运中心。垃圾收集点一般设置在村落下风向的主要道路口（图3.2-48），其外观设计应与村落传统风貌相契合，可采用哈尼传统民居的形式，如土黄色外墙、茅草顶等，使其完全融于哈尼传统村落中（表3.2-22、图3.2-49）。

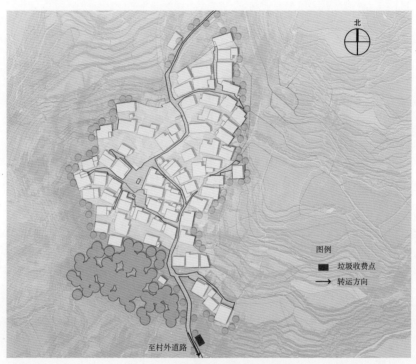

图 3.2-48 阿者科垃圾收集点布置

表 3.2-22　垃圾收集点设计要求

功能	设置位置	垃圾收集点外观	参考意向
集中收集来的垃圾，暂时堆放等待转运	村落下风向边缘，临近村落主要道路	采用哈尼传统民居的形式，土黄色外墙、茅草顶	

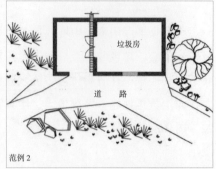

图 3.2-49 垃圾收集点设计范例

3）公共厕所

哈尼传统村落普遍存在公共厕所数量不足的问题，如阿者科现状村落内仅在村落最下方靠近梯田处有一座公共厕所，其位置偏远，给人们的使用带来了诸多不便，且其设施老旧，环境恶劣，不能满足村民对人居环境提升的需求。可考虑在阿者科村落较高处的东南方向临大渠处增建一个公共厕所，用现代化的方法对公共厕所进行日常清洁维护，以满足村民和游客的使用需要。公共厕所的外观设计应与村落传统风貌相符合，可采用哈尼传统民居的形式，如土黄色外墙、茅草顶等，使其完全融于哈尼传统村落中（图 3.2-50、表 3.2-23）。

4）肥塘

肥塘是用来堆积处理牲畜粪便的设施，哈尼传统村落中的现有肥塘可分为平地式和矮墙式两种。肥塘都由村民自发建造，在哈尼传统村落延续和人居环境提升的进程中，应对肥塘的基本做法设置准则，引导肥塘建造的规范化（表 3.2-24）。

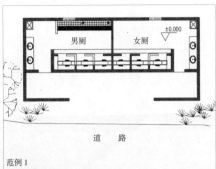
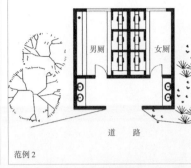

范例 1

范例 2

图 3.2–50 公共厕所设计范例

表 3.2–23 公共厕所设计要求

功能	设置原则	设置位置	公厕外观	参考意向
村民日常解手，存储农家肥料	方便村民使用，但应远离饮用水源	大渠旁	采用哈尼传统民居的形式，土黄色外墙、茅草顶	

表 3.2–24 肥塘设计指标

功能	堆积牲畜粪便，存储农家肥料
设置位置	猪圈或牛圈旁
设置形式	矮墙围合的矩形场地
尺寸	平面尺寸视具体需要而定，矮墙高度约 0.7 m
材料	砖石、水泥、涂料

第四章
传统民居保护与更新

　　民居建筑是元阳山地梯田地区"整体地貌"中人工参与最多的要素，也是本书关注的重点。本章选取多依树村两个典型户型进行更新策略研究。这两户民居既是山地梯田地区哈尼传统民居的典型代表，又存在一定的需要修复的共性问题，如加固破败的结构体系和提升内部人居环境的需求。本章提供了一套可替代性绿色更新技术，力求弱化人工操作可能带来的环境破坏，建造与环境和谐共生的可持续建筑，同时延续哈尼传统村落风貌。

　　针对传统民居建造体系的修复，本章基于轻钢结构体系提出了可替换构造策略，对不同保存程度的民居进行了风貌同一控制，分别从结构、屋顶、墙身、楼板、门窗洞口和砖柱六个方面提出具体的保护和更新措施，结合地方抗震要求，总结出完整的民居建造体系的修复策略。

一、轻钢结构体系

1. 发展概况

  轻钢结构体系起源于欧洲，该结构体系以其工业化程度高、建造速度快、抗震性能好，而被北美、澳大利亚、加拿大以及日本等国家和地区广泛采用。其中，轻钢结构住宅在北美住宅建设中占比 30% 左右，在加拿大占比约为 30%，而在澳大利亚占比达到约 50%，在日本的低层住宅中占比达 80% 左右（表 4.1-1）。

表 4.1-1 国外主要轻钢结构应用

国别	结构体系	具体形式	优点
北美	板肋结构体系	密肋型整体结构骨架	墙板体系可以同时抵抗建筑自身的竖向荷载以及来自地震的水平荷载
澳大利亚	板肋结构体系演变	由博思格公司制定相关企业标准并形成一个新的住宅标准体系	具有钢板厚度更小以及用钢量更少的优势
芬兰	轻钢龙骨框架结构体系	—	削弱了冷桥的作用，还提高了隔热性能
英国	传统产业化住宅体系	STICK 结构及 PANAL 结构	工厂预制完成，再运至现场组装
	创新产业化住宅体系	盒子式墙板结构体系	能够快速模块化生产
	产业化钢结构住宅体系	预制墙板单元"Platform"体系、完全模块化体系、盒子体系	产业化程度较高
日本	轻钢结构骨架体系	新日铁 KC 住宅体系	满足日本第二次世界大战后的重建需求，在风格上保留了日本木结构的传统特征
		积水公司小断面 C 型钢矩形框架 + 蒸压轻质混凝土板体系	
		松下公司采用的是方钢管柱、H 钢梁、抗震框架的钢结构墙板体系	

我国轻钢结构体系发展于 1960 年代中期，相较于发达国家发展较晚且缓慢，改革开放后才引进日本的相关技术。其原因主要为：其一，轻钢结构在造价上与钢筋混凝土结构和砖混结构相比具有劣势，导致我国的中低层住宅主要采用钢筋混凝土或砖混结构；其二，轻钢结构属于新型结构体系，对于广大农村地区来说，缺乏相应的施工技术。我国早期未制定钢结构住宅相关的技术标准和设计规范，直到 2010 年颁布《轻型钢结构住宅技术规程》（JGJ 209—2010），2011 年颁布《低层冷弯薄壁型钢房屋建筑技术规程》（JGJ 227—2011），随着钢材价格的下跌及轻钢结构住宅建筑的相关引导政策越来越多，我国轻钢结构住宅产业才得到实质性的推动。

国内轻钢结构体系目前多用于小厂房、仓储和临时建筑。但基于轻钢结构批量预制、快速建造、运输便捷的特点，在乡村地区的住宅建造中轻钢结构占有明显优势。

1）国外轻钢结构体系

（1）北美和澳大利亚

北美轻钢结构住宅采用"板肋结构体系"的墙板体系，这种墙板体系在墙体轻钢龙骨的两侧安装结构板材或饰面石膏板，可以同时抵抗建筑自身的竖向荷载和来自地震的水平荷载（图 4.1-1）。保温隔热材料采用玻璃纤维棉或者刚性挤塑成型发泡材料，这种材料还具有良好的隔音效果。

澳大利亚的轻钢结构体系是由博思格公司制定相关企业标准并形成的一个新

图 4.1-1 北美的低层轻钢结构住宅

来源：潘红晓，刘承宗.北美轻型钢结构住宅体系及应用[J].建筑钢结构进展，2003，5（B12）：23-28.

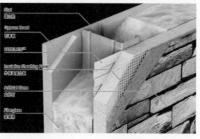

图 4.1-2 博思格轻钢结构体系

来源：https://max.book118.com/html/2018/0604/170652008.shtm

的住宅标准体系，与北美的 DBS 多层轻钢住宅体系 (Dietrich Building System) 相比，具有钢板厚度更小、用钢量更少的优势。其外墙采用复合夹芯墙，外侧板为新型板材，采用增强纤维水泥板或轻质加气混凝土等，内侧板为石膏板，中填玻璃纤维保温棉（图 4.1-2）。外墙材料有多种选择，楼板采用定向结构刨花板（Oriented Strand Board，OSB）这类轻质结构板材。总体而言，澳大利亚轻钢结构体系装配度更高，且墙体等材料采用轻质建材，其房屋总重量较轻。

北美和澳大利亚的轻钢结构体系皆由其传统木结构密肋住宅演变而来，由墙体轻钢龙骨承重，屋面采用桁条梁，楼面采用桁架式梁，其竖向承重构件间距和楼屋面的钢骨间距一般为 400 mm 或 600 mm。这种建造方式以钢承力构件取代了传统的木承力构件，在很大程度上继承了传统密肋式木结构的建造逻辑，且其居住空间模式与传统住宅也比较相似，因此得到了广泛的推广。其结构形式构件小，重量轻，连接点以自攻螺丝为主，便于施工，其缺点是构件数量多，节点多，连接烦琐，对技术的掌握度要求高。

（2）欧洲

芬兰的轻钢结构住宅采用轻钢龙骨框架结构体系，龙骨腹板处有不同形状的槽孔，这种技术不仅削弱了冷桥的作用，还提高了隔热性能[1]。其承重及非承重外墙皆采用轻型钢框架结构，外墙体采用"夹芯板"的构造方式，中间为轻钢龙骨并填充石膏抗风板，外侧板为薄金属饰面板

[1] 张晓哲. 钢结构装配式住宅构件标准化探究 [D]. 北京：北京工业大学，2008.

或压型板，内侧面为防潮层和包覆面板，其中外装饰板可以采用砖砌体、木板、薄泥灰板、金属装饰板等，并无太大限制。外墙体系分为完全现场安装、工厂预制墙板单元组装两种施工安装方式。

英国的轻钢结构住宅体系根据预制程度、现场安装建造的不同，划分为多个级别。具体可分为：传统产业化住宅体系、创新产业化住宅体系、产业化钢结构住宅体系。

传统产业化住宅体系：由墙面立柱、楼面梁、屋面结构和抗风支撑构成，其根据预制单元的大小分为 STICK 结构及 PANAL 结构：STICK 结构的构件按设计尺寸先在工厂预制，再运至现场用螺栓、自攻螺栓组装完成；PANAL 结构又称完全模块体系，其墙板、屋面板及屋架先在工厂预制完成，再运至现场组装。

创新产业化住宅体系：即盒子式墙板结构体系，具有构造简单及快速模块化生产的特点。

产业化钢结构住宅体系：包括预制墙板单元"Platform"体系、完全模块化体系和盒子体系。

（3）日本

第二次世界大战后，在急需解决大量建房问题以及传统木结构住宅所需的木材短缺的背景下，日本的轻钢逐步替代传统木材。日本是地震高发国家，砖石结构体系的建筑难以发展，框架结构从受力上更符合其国情需要，钢材的材性与木材比较相似，抗弯抗拉性能比较好，且质轻高强，其节点连接方式也具有一定柔性，铰接点和螺栓穿孔等柔性结点连接能够较好地避免地震时局部应力集中。日本的轻钢结构住宅大部分采用轻钢结构骨架体系，其结构形式与欧美大体相同，但其风格保留了许多日本木结构的传统特征，例如从木檩、木椽子演变成钢檩、钢椽子。

日本的住宅建设由大型企业牵头，从技术研发到设计再到材料施工形成一个稳定的产业链，主要生产企业有新日铁、丰田、大和、积水、松下等，其中新日铁的 KC 住宅体系较为普遍。

2）国内轻钢结构体系（表4.1-2）

（1）新芽轻钢系统

香港中文大学朱竞翔团队长期专注于研究新型空间结构、轻量建筑

表 4.1-2　国内主要轻钢结构研究

朱竞翔	新芽轻钢系统	模数化设计，建造快速，造价较低，热工性能较好
谢英俊	常民建筑	梁柱不打断，皆为连续构件；不仅适用于干式构造，还适用于湿式构造

系统，其团队研发的轻量建筑系统具有模数化、建造快速、造价低、热工性能好的特点，研发的系统里面又分为新芽轻钢系统、板式系统、箱式系统、框式系统（图 4.1-3），在其目前的实践中以新芽轻钢系统最为普遍。

新芽轻钢系统来源于对灾区新建的活动板房在热工性能系统方面的改进，利用了板房建造快速、造价低廉、抗震安全的优势，并在热工性能上进行了优化设计，包括多层构造的围护结构、蓄热体的利用和分布设计以及小而分散的开洞方式。

新芽轻钢系统采用结构与围护一体的形式（图 4.1-4、图 4.1-5）。以 C 型钢组成线型框架，轻钢龙骨主要承受竖向荷载。木基加强板材覆盖在轻钢龙骨表面并起到了协同作用，木基加强板主要承担横向荷载（来自地震引发的侧向力），并且承担部分竖向荷载。木基加强板不仅使该体系的结构稳定性更强，并且断绝了冷桥、热桥。

（2）谢英俊的轻钢结构体系

台湾建筑师谢英俊从台湾 9·21 地震之后的邵人部落灾后重建开始，便提出了协力造屋和永续建筑的观念，之后其团队将建筑的设计体系和建造方法概括为"永续建筑、协力造屋、开放建筑、简化构法"，称为"常民建筑"。

谢英俊的轻钢结构体系不同于欧美和日本的轻钢结构体系，其结构体系做法类似于中国传统穿斗式木框架结构。国外引进的轻钢结构系统大多以用密肋式小构件组成的整片墙作为结构和组装单元，不仅构件多，连接复杂、烦琐，且设计弹性小，缺乏适应性及开放性，而常民建筑将这种墙板式系统还原成梁柱系统，梁柱不打断皆为连续构件（图 4.1-6），大大简化了施工工序。

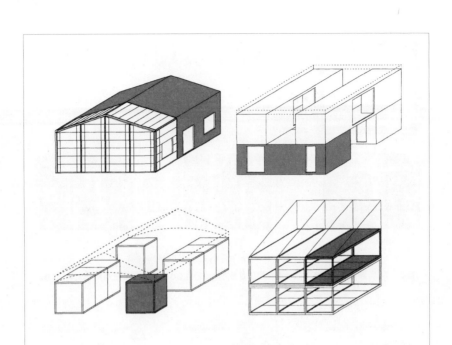

图 4.1-3 朱竞翔的轻量建筑系统

来源：朱竞翔. 轻量建筑系统的多种可能 [J]. 时代建筑，2015（2）：59-63.

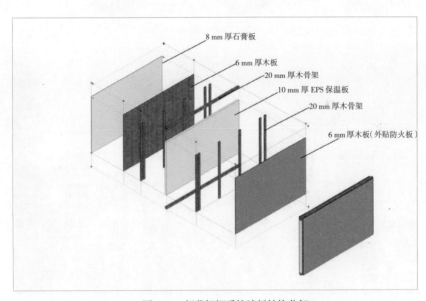

图 4.1-4 新芽轻钢系统墙板结构分解

来源：贾毅. 新芽轻钢系统及其轻钢骨架几何形态演变研究 [D]. 西安：西安建筑科技大学，2012.

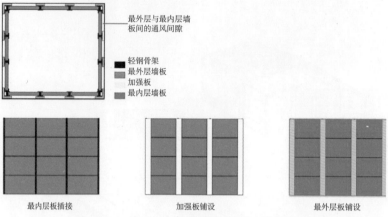

最外层与最内层墙
板间的通风间隙

■ 轻钢骨架
■ 最外层墙板
□ 加强板
■ 最内层墙板

最内层板插接   加强板铺设   最外层板铺设

图 4.1-5 新芽轻钢系统墙板结构分解

来源：贾毅 . 新芽轻钢系统及其轻钢骨架几何形态演变研究 [D]. 西安：西安建筑科技大学，2012.

欧、日轻钢结构体系

谢英俊轻钢结构体系

图 4.1-6 轻钢结构体系

　　该轻钢结构体系中的主要承重结构为轻钢龙骨，轻钢构件采用薄壁截面冷弯成型，构件厚度相较于国外的 0.55 mm 更厚，但仍为薄壁轻钢构件（$t \leqslant 3.0$ mm），故其间距较大，两侧加斜撑共同支撑，总体而言比欧美体系用钢量更少。其节点采用螺栓连接，焊接作业较少，减少了对轻钢钢材强度的影响，同时也减少了防腐防锈工作（图 4.1-7）。其铰接点较少，"简化构法"的处理方式，降低了对先进技术及工具使用的难度，使村民参与自主建造，并且节约了建造时间和成本。

　　由于轻钢柔性较大，常民建筑根据不同实际项目情况分成框架—支撑结构和框架—支撑 + 格构柱结构两种结构受力体系。框架—支撑结构由梁柱框架承担竖向荷载，斜撑承担横向荷载并维护结构稳定性，以抵抗地震力及水平风力；框架—支撑 + 格构柱结构是在前者的基础上通过设置格构柱，以抵抗水平承载力不足，用于局部空间布置影响到支撑结构时的情况。

　　常民建筑根据结构形式的不同分为两类，一类是轻钢排架与桁架，另一类是轻钢 + 重钢组合结构。前者又分为排架、桁架、高架屋型桁架、屋面桁架、弧形桁架；后者又分为梭形大跨度桁架结构、折板桁架—网架结构（图 4.1-8）。其中轻钢框架结构在其基本原型的基础上又可根据其建筑层数、屋顶变化以及檐廊、阳台、平台等局部功能的增加与否而做局部结构的变异拓展设计（图 4.1-9）。

图 4.1-7　铰接接头及螺栓连接方式
图 4.1-6、图 4.1-7 来源：https://mp.weixin.qq.com/s/FAAGyhXendwNbyedPES26g.

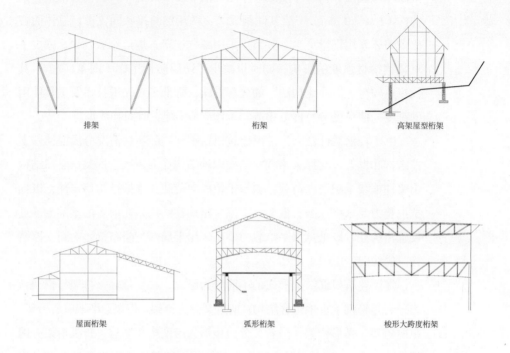

排架   桁架   高架屋型桁架

屋面桁架   弧形桁架   梭形大跨度桁架

图 4.1-8 常民建筑结构形式分类
来源：https：//mp.weixin.qq.com/s/FAAGyhXendwNbyedPES26g.

由于采用轻钢框架结构体系，解放了外围护结构，结构系统与围护系统是两个相对独立的系统，因此其开放性不仅仅体现在轻钢框架上，还体现在构造做法和材料的选取上，其构造做法除了适用于干式构造，还适用于湿式构造（图 4.1-10、图 4.1-11）

（3）常民建筑与新芽轻钢系统的比较

谢英俊的常民建筑轻钢结构体系与朱竞翔的新芽轻钢系统虽然都是轻钢结构，但在设计理念和建造体系上却有很大的不同。在结构系统方面，新芽轻钢系统采用轻钢框架＋木基板材组合而成的复合系统，而常民建筑采用结构系统与围护系统分

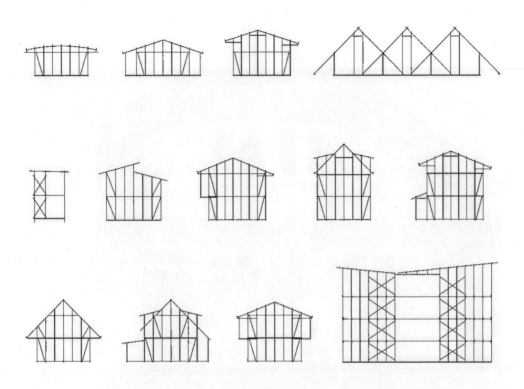

图 4.1-9 轻钢框架结构形式的拓展
来源：https：//mp.weixin.qq.com/s/FAAGyhXendwNbyedPES26g.

离的轻钢框架结构系统，后者的围护系统具备多样性，可根据地方材料、做法，鼓励村民自主建造，并且构件可以替换。在建造流程方面，新芽轻钢系统表现出竖向优先的建造顺序，而常民建筑的轻钢结构体系则呈现出榀与榀的建造关系，一榀搭建完再通过梁穿插完成整体的搭建。在外围护系统方面，由于常民建筑采用轻钢框架结构代替传统木框架结构体系，其围护系统与结构系统分离，住户可根据当地材料及做法自主发挥建造，选择不同的填充材料和包裹材料；而新芽轻钢系统的围护系统更侧重于热工性能及预制建造，从围护体以及围护体与结构的关系方面，尽量去控制制造成本、施工效率以及房屋能耗。

图 4.1-10 干式构造做法

来源：https://mp.weixin.qq.com/s/FAAGyhXendwNbyedPES26g.

常民建筑轻钢结构体系＋砌块墙

常民建筑轻钢结构体系＋钢网土墙

常民建筑轻钢结构体系＋石墙

常民建筑轻钢结构体系＋竹编泥墙

常民建筑轻钢结构体系＋综合构法

图 4.1-11　湿式构造做法

来源：https：//mp.weixin.qq.com/s/FAAGyhXendwNbyedPES26g.

　　总的来说，谢英俊的常民建筑的侧重点在于轻钢骨架结构，而朱竞翔的新芽轻钢系统的侧重点在于建筑的围护系统。在文脉传承以及推广接受度层面，常民建筑因其简易的结构特性和居民参与度，具有更大的优势；在居住舒适度和工业化程度方面，新芽轻钢系统因其良好的热工性能以及模块化快速建造，具有更大的优势。如图 4.1–12 所示，对以鞍子河保护区接待站为代表的新芽轻钢系统和以杨柳村为代表的常民建筑轻钢结构体系的建造流程进行了对比分析。

2. 建构方式

　　轻钢结构系统来源于对木框架结构系统在材料上的替代，因此木框架结构系统的分类可以在轻钢结构系统中沿用，由梁柱的优先方式不同可将其分为三类：平台系统、气球系统、穿插式系统（图 4.1–13）。

　　平台系统：水平向构件将竖向构件打断的连接方式；气球系统：竖向构件优先且不被打断的连接方式；穿插式系统：竖向和水平构件彼此穿过的连接方式。不同的轻钢结构系统及不同的优先几何形态，决定了不同的建造顺序，导致其最终呈现出不同的空间形态（图 4.1–14）。

　　平台系统在空间形态上呈现出水平向的层级划分关系，是层与层的关系；气球系统在空间上形成壳体形态，是一个完形且封闭的形态；穿插式系统在空间上呈现以榀为划分、以间为单位的空间形态。

3. 对哈尼传统民居更新的意义

　　哈尼传统民居内部为木框架，不管在结构稳定性还是经济和生态层面，与现代建造方式不具可比性。轻钢结构体系从结构稳定性、经济性、可持续性层面都优于传统木结构，且钢材具有的灵活性使得轻钢结构体系可传承木框架体系的形式，不破坏传统室内空间形式和意象。下文对哈尼传统民居的更新设计，延续了元阳山地梯田地区哈尼传统"蘑菇房"风貌，同时基于轻钢结构体系提出一套更新建造方式，以提升村民的人居环境，传承文脉。

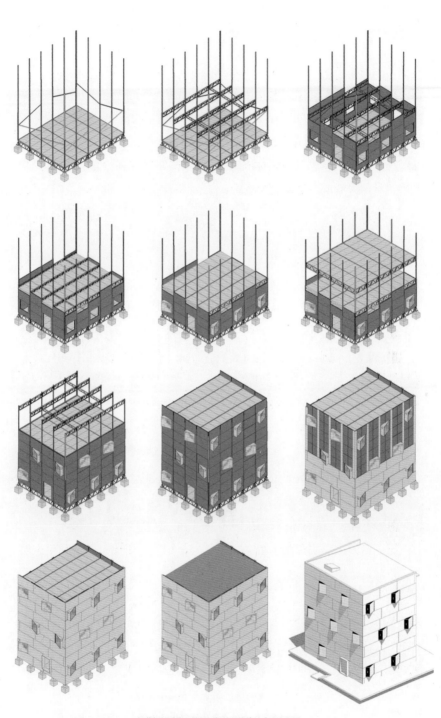

新芽轻钢系统：鞍子河保护区接待站建造流程图

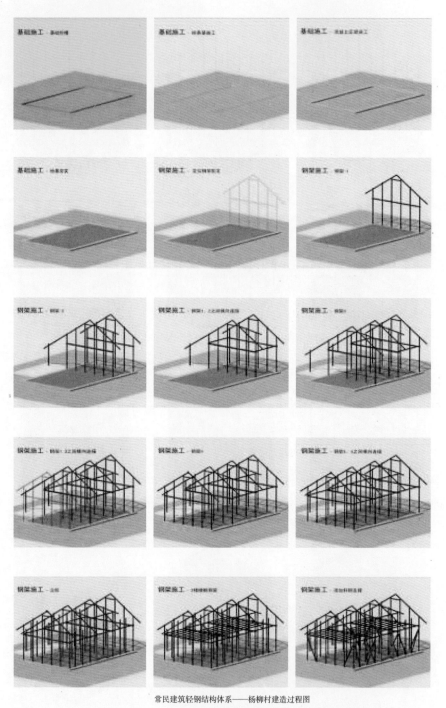

常民建筑轻钢结构体系——杨柳村建造过程图

图 4.1-12 新芽轻钢系统和常民建筑轻钢结构体系的建造流程对比

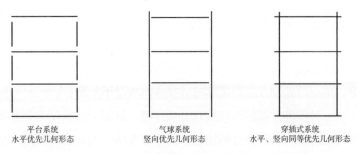

平台系统
水平优先几何形态

气球系统
竖向优先几何形态

穿插式系统
水平、竖向同等优先几何形态

图 4.1-13 按梁柱关系分类示意

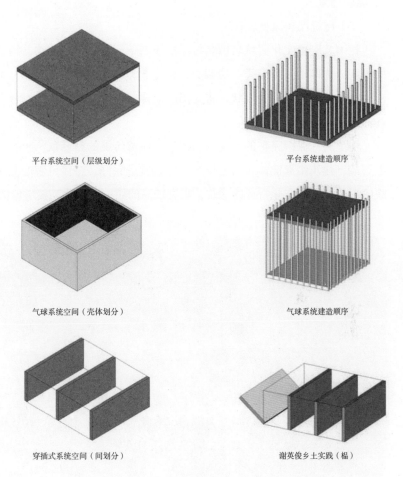

平台系统空间（层级划分）

平台系统建造顺序

气球系统空间（壳体划分）

气球系统建造顺序

穿插式系统空间（间划分）

谢英俊乡土实践（榀）

图 4.1-14 不同轻钢骨架的建造顺序及空间形态

图 4.1-12~ 图 4.1-14 来源：贾毅 . 新芽轻钢系统及其轻钢骨架几何形态演变研究 [D]. 西安：西安建筑科技大学，2012.

二、 建造体系更新

随着现代文明的涌入，哈尼传统村落的风貌正处于不同程度的衰败中，单一的保护方式对延续村落整体风貌是不足的。

应对传统村落的风貌进行分类研究，针对具体民居案例提出相应的与传统村落风貌相契合的建造体系更新策略。如图 4.2-1~ 图 4.2-5 所示，以多依树寨 B1、B2 传统民居为例，提出民居建造体系的更新策略。

1. 风貌修复

1) 传统民居风貌现状

我国《历史文化名城名镇名村保护规划条例》中将建筑物、构筑物的风貌分为四类：传统类、协调类、异化类和冲突类。基于以上分类方法，结合哈尼传统民居现状，将元阳山地梯田地区哈尼传统民居分为同样的四个风貌等级。

传统类：保留完整的传统木构体系，保留传统的蘑菇顶、土坯墙、毛石墙，建筑细部能体现哈尼传统，建筑质量完好，整体风貌能充分反映哈尼传统民居文化特征的建筑，具有较高的历史、文化、美学价值。

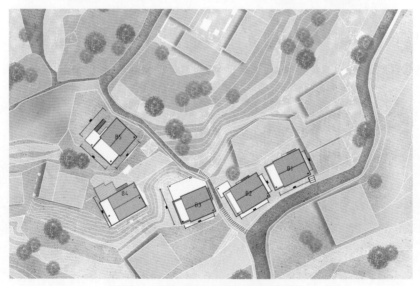

图 4.2-1 多依树寨 B 组团传统民居总平面

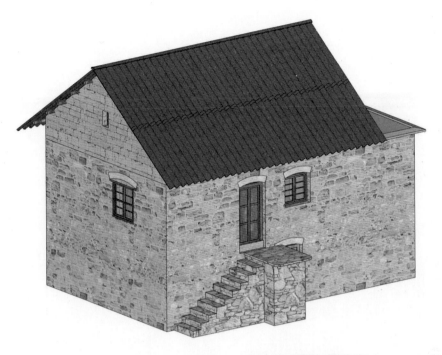

图 4.2-2 多依树寨 B1 传统民居剖透视

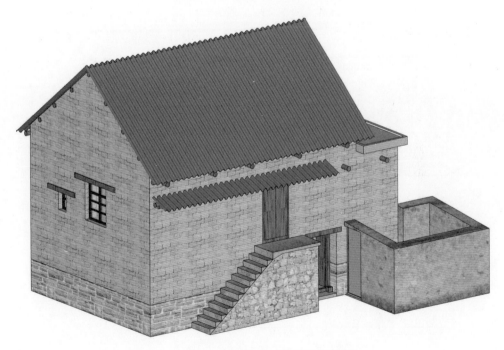

图 4.2-3 多依树寨 B2 传统民居剖透视

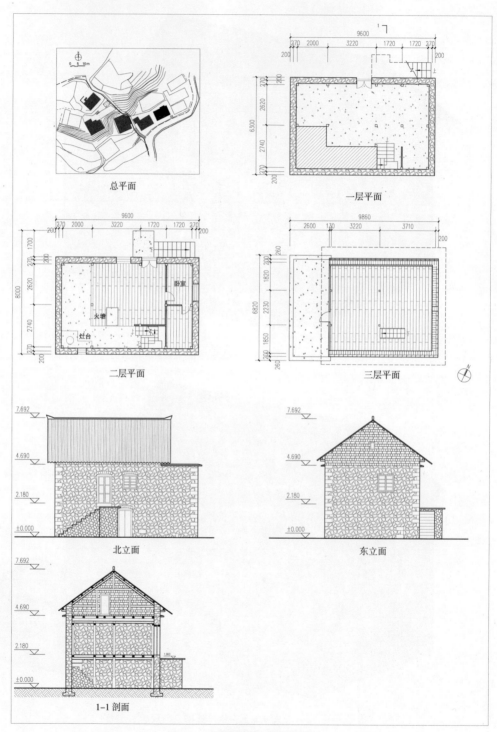

图 4.2-4 多依树寨 B1 传统民居

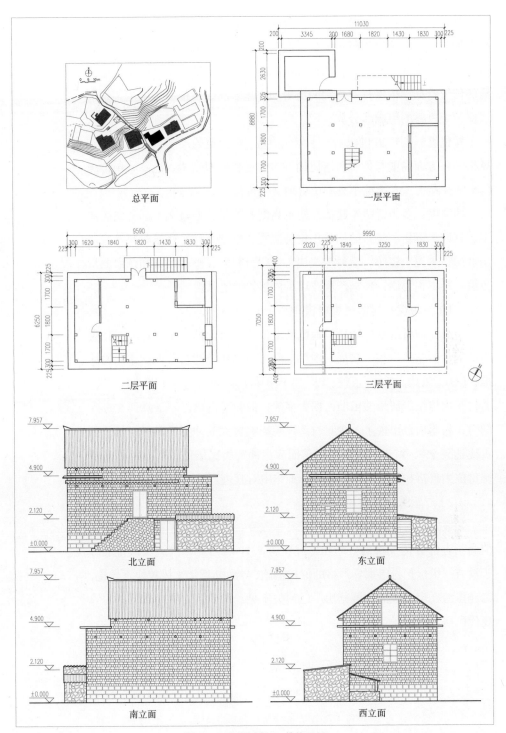

图 4.2–5 多依树寨 B2 传统民居

协调类：建筑主体保留了传统建筑的风貌和特征，只是对局部建筑构件如平台、屋顶等进行了加建或改建，失去了部分的原有传统特征。这一类建筑整体上能与村落的传统风貌相协调，也能基本反映出哈尼民居的传统特征，依然具有一定的历史和文化、美学价值，是哈尼传统民居保护中重要的组成部分。

异化类：多于20世纪七八十年代建造，在建筑的尺度、材料、色彩、风格等各方面尚能与传统村落协调。多为现代砖混结构，已不采用传统的土木建造方式，因此不具有历史和文化价值。

冲突类：多为近些年建造，建筑高度和体量普遍过大，部分民居甚至达到四、五层。建筑结构采用钢筋混凝土框架结构，建筑材料普遍使用红砖、水泥、瓷砖、涂料等现代工业化材料，在整体风格和色彩上与传统村落不相协调，甚至严重破坏了村落的传统风貌。

（1）一级保护村落风貌现状

一级保护村落是山地梯田地区哈尼传统村落保护的重点对象，其应当达到村落整体风貌、格局、内部空间形态、传统建筑等保护完好的标准，但现实的情况不容乐观。以一级保护村落阿者科为例（图4.2-6），其村落内传统民居虽然依旧占据大多数，但数量占比已经下降到57%。同时，村落内也出现了不少对村落风貌影响极大的冲突类民居，其数量占比达到9%。对于一级保护村落而言，冲突类民居使得所在村落的传统价值大打折扣，应在今后的保护工作中对其进行改造或酌情拆除。

（2）二级保护村落风貌现状

二级保护村落的固有形态已经发生改变，村落整体风貌新旧参半，但尚留存部分传统村落格局和传统民居（图4.2-7）。二级保护村落由于没有一级保护村落那样严格的保护措施，导致其近年来风貌快速异化，曾经点缀在山坡上的"蘑菇房"已消失不见，取而代之的是砖混结构的现代民居。

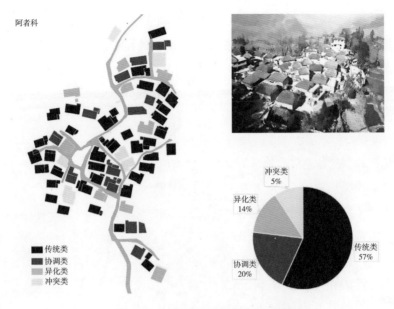

图 4.2-6　一级保护村落阿者科民居风貌分析

保持传统风貌的村落　　　　　　　　　传统风貌被破坏的村落

图 4.2-7　哈尼传统村落风貌对比

　　如图 4.2-8 所示，对选取的具有代表性的 4 个二级保护村落进行了传统村落风貌分析，并绘制了 4 个村落各类风貌民居的分布图。

勐品寨

传统类
协调类
异化类
冲突类

四类 12%　一类 3%
二类 11%
三类 74%

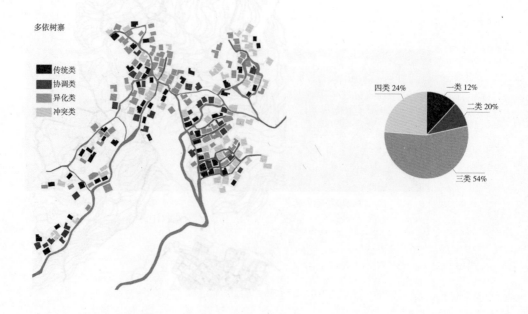

多依树寨

传统类
协调类
异化类
冲突类

四类 24%　一类 12%
二类 20%
三类 54%

坝达寨

传统类
协调类
异化类
冲突类

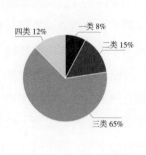

四类 12%
一类 8%
二类 15%
三类 65%

普高新寨

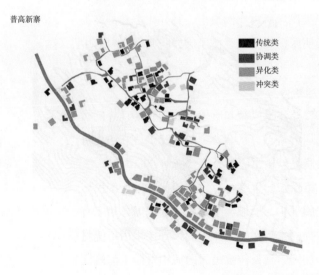

传统类
协调类
异化类
冲突类

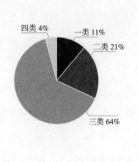

四类 4%
一类 11%
二类 21%
三类 64%

图 4.2-8 二级保护村落民居风貌分析

经过分析，可得出以下几点结论：

①传统类民居数量急剧下降。传统类民居是重要的文化遗产，是哈尼传统村落保护工作中的重中之重。但4个村落中，传统类民居数量占比最多的多依树寨也仅占一成多，数量占比最少的勐品寨传统类民居仅占所有民居数量的3%。

②异化类民居占据了现有民居的大多数，4个村落中异化类民居的数量占比均超过一半，勐品寨中异化类民居的数量占比达到74%。

③冲突类民居占比较高，平均达到10%左右。冲突类民居体量大、层数多，且外立面所用材料多为红砖或瓷砖等现代材料，对于哈尼传统村落的风貌造成的破坏极为严重。

哈尼传统村落的现状与大规模无序建设有关。一方面，哈尼传统民居在建筑结构、功能布局、室内采光上无法适应村民对于现代化生活品质的追求；另一方面，缺乏相应的延续传统民居建造智慧和风貌的技术研究与指导，导致村民选择容易建造的砖混结构建造新居。

勐品寨是其中一个典型例子。勐品寨紧靠老虎嘴梯田观景台，每年有大量的游客流量，村落借此大力发展住宿、餐饮、酒店、旅游观光、土特产售卖等与旅游相关的产业。经济的发展给村民带来提高住房质量的需求，于是村民纷纷拆掉传统的老房子，盖起了现代化的砖混民居。在4个村落中，勐品寨的传统类民居所占比例最小，其异化类和冲突类民居所占比例最大，这充分说明了勐品寨的整体风貌异化在4个村落中最为严重。

2）传统类与协调类民居风貌修复

传统类和协调类民居，在整体建筑风貌和质量上处于较为良好的状态，能够充分反映哈尼传统民居的特点，具有一定的传统价值和历史价值。对传统类和协调类民居的修复以还原历史面貌、修旧如旧为主。

对传统类民居，应采取严格保护的策略。对每一幢优秀的传统民居进行资料登记、照片归档、挂牌保护，形成传统类民居数据库。对于有所破损的建筑构件，如老旧破损的木构架、墙体、屋顶等，采用传统材料和传统工艺做适当的修复和加固，延长传统民居的使用寿命，但修缮过程中必须坚持修旧如旧的原则。

协调类民居最主要的问题是局部建筑构件破损或异化，须有针对性地将破损或异化的建筑构件用传统工艺和传统材料进行恢复。可将协调类民居建筑外部构造分为台基、墙基和勒脚、墙体、屋顶、平台、室外楼梯、门窗等7个影响外观风貌的部分（图4.2-9）。如表4.2-1所示，对建筑现状具有保留价值和修复价值的传统民居的7个建筑构件提出风貌修复性导则。

3）异化类与冲突类民居风貌修复

异化类与冲突类民居在建筑色彩、建筑材料和建筑造型上都与传统民居存在较大差异，对村落的传统风貌造成破坏。应尽量采取措施对其外观进行改造，使其与传统风貌相协调。

（1）外墙恢复技术

外墙是影响建筑外观最重要的建筑构件，对外墙面的处理是恢复民居风貌最重要的一步。比较成熟的外墙处理方式如泥浆涂抹技术、装饰性外墙生土喷涂技术等。

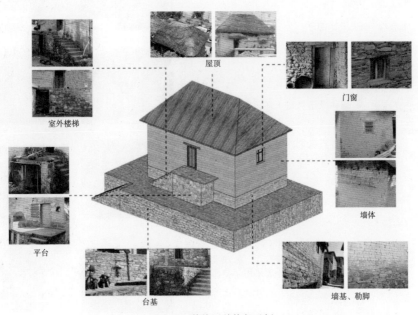

图 4.2-9 传统风貌修复示例

表 4.2-1 保留性较好的传统民居修复导则

建筑构件	建造要求	建议做法	不建议做法
台基	砌筑材料采用当地毛石，石块大小有所变化，形成自然错落的外观肌理		
墙基和勒脚	砌筑高度约 1 m，采用尺寸较大的毛石，以保证其结构的稳定性。石块大小应有所变化，避免过于呆板		
墙体	墙体采用当地土坯砖砌筑，砌筑方式有一顺一丁式、满丁式、梅花丁式等。石墙则采用大小不一的片石砌筑，在墙体转角处以整块方石收边		
屋顶	恢复传统蘑菇顶形式，内部采用传统木屋架，外部采用茅草作为覆盖材料		

续表

建筑构件	建造要求	建议做法	不建议做法
屋顶	恢复传统蘑菇顶形式，内部采用传统木屋架，外部采用茅草作为覆盖材料		
平台	采用木框架外包石墙的结构或石墙木梁结构，在木梁上铺椽子，其上密铺竹条，竹条上以草筋泥铺面，最后以水泥砂浆抹面		
室外楼梯	砌筑材料采用当地毛石，石块大小有所变化，形成自然错落的外观肌理		
门窗	门窗边框和木梁采用木、石等自然材料，不可采用不锈钢、铝合金		

　　①泥浆涂抹技术。其做法为在砖砌墙体表面先刷一层水泥砂浆作为找平层，而后在砂浆表面涂抹带草筋的泥土，待泥土风干后，得到与夯土墙效果相仿的墙体。若在泥土表面划出沟槽，则得到与土坯墙效果相仿的墙体。墙体的下部以片状石材作为贴面材料，模仿毛石墙基的效果。这种方法成本低、技术简单，符合当地的技术条件和经济水平，适合普通村民广泛采用。

　　②装饰性外墙生土喷涂技术。装饰性外墙生土喷涂技术由昆明理工大学绿色乡土建筑研究所研发。该技术以当地生土为主要材料，在其中加入胶结和拉结材料，不仅保持了生土墙面的外观，而且提高了面层的附着力和耐久性。施工时，用气压喷枪将生土材料喷涂到墙面上，喷出的生土附着在墙面上后，形成凹凸不平的肌理，生成接近夯土墙的质感（图 4.2-10）。

　　不同的墙面基材在进行喷涂之前需要做相应的墙面预处理。清水砖墙：清水砖墙是最适合装饰性外墙生土喷涂技术的墙面形式，喷涂前仅需要将墙面润湿即可；涂料面层：需要对其进行双向划痕处理，从而增强喷涂材料在墙面上的附着力；瓷砖面层：需要事先将瓷砖层去除，露出里面的砖墙面，然后进行喷涂。

　　（2）屋顶恢复技术

　　在哈尼传统村落风貌恢复工作中，屋顶恢复是重要的一项。哈尼传统村落中的新建建筑主要采用现代屋顶防水技术，其多为平屋顶形式，与传统坡屋顶的风貌不相协调。而传统的木构架屋顶造价高，施工复杂，

图 4.2-10 外墙生土喷涂技术

且易燃、易腐烂，不宜被用于建筑风貌的恢复工作中。因此，可采用具有施工简单、耐久性好、可仿木构架屋顶的轻钢结构屋顶。轻钢龙骨屋架的各部分构件事先在工厂预制，运抵工地后在现场进行焊接拼装。屋架的底部设计环通钢梁，在环通钢梁的指定位置预先设置预埋件，通过预埋件与建筑主体形成可靠连接（表 4.2-2）。

表 4.2-2 屋顶结构选型方案

方案类型	优点	缺点
木结构屋顶	重量轻，易加工，取材方便，当地有较为成熟的施工工艺，外观上古朴美观	防火性、防腐性、防虫蛀、耐久性都较差，施工工艺复杂，施工周期长
轻钢结构屋顶	强度高，抗震性好，耐久性好，工业化程度高，适合大批量生产，易整体化组装，工期短	造价高，运输成本高，外观不及传统木屋顶美观古朴

　　屋面最外层材料是影响屋顶外观的重要元素。传统蘑菇顶的做法需要使用大量的茅草材料，且后期须经常更换，维护成本高，不易推广。对于新建筑加建的屋顶，可采用仿茅草材料替代，仿茅草材料主要有合成树脂仿茅草和金属仿茅草两种；也可采用瓦片替代，使用小青瓦、黏土瓦、筒瓦、彩色混凝土瓦、合成树脂瓦等。

　　如图 4.2-11~ 图 4.2-13 所示，以哈尼传统村落中的新建平屋顶民居为例，基于风貌修复的原则，提出对新建平屋顶民居的改造建议。

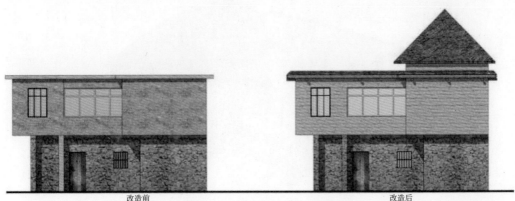

改造前　　　　　　　　　　　改造后
图 4.2-11 新建民居改造前后立面对比

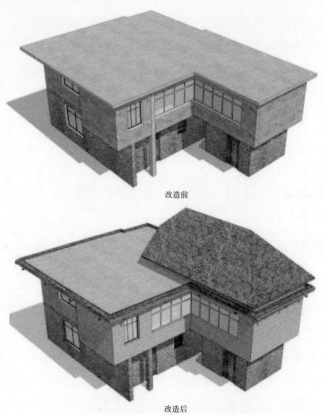

改造前

改造后

图 4.2-12 新建民居改造前后鸟瞰图对比

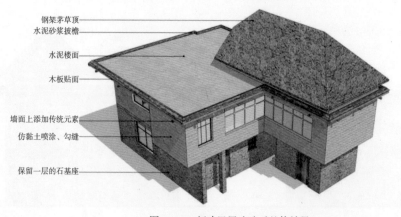

图 4.2-13 新建民居改造后整体效果

2. 原有结构更新改造

问题：

元阳山地梯田地区的大部分哈尼传统民居已年久失修，采用的木结构体系中部分木构件腐坏，且其所处的地区对抗震有一定的要求。因此，对原有结构进行修复与加固是修复与保护过程的首要环节。

策略：

① 对不同现状的建筑按照不同的损坏部位提出具有针对性的可替换策略，将传统民居建筑部位分解为木柱、木梁、楼板、屋架和屋面等进行更新改造；② 对于围护材料，应选择具有一定的保温与隔热性能且能够与传统风貌相契合的材料；③ 考虑到便于材料运输和修复施工，减小经济负担，替换材料构件选用钢构件。

1）木柱替换

哈尼民居传统的梁柱结构中，一层的木柱一般放置在砖头柱础上，以避免因云南地区湿度过大对木柱造成的影响，二层的木柱落在一层的楼板上，偶有因楼梯或者洞口等出现减柱的情况。如果木柱因潮气入侵或年久失修而无法使用，可对其进行单根的替换或整体的替换（图4.2-14~ 图4.2-17），将承重柱替换为截面尺寸为 150 mm × 150 mm 的 H 型钢钢柱，并在 H 型钢钢柱的腹板位置固定木板。

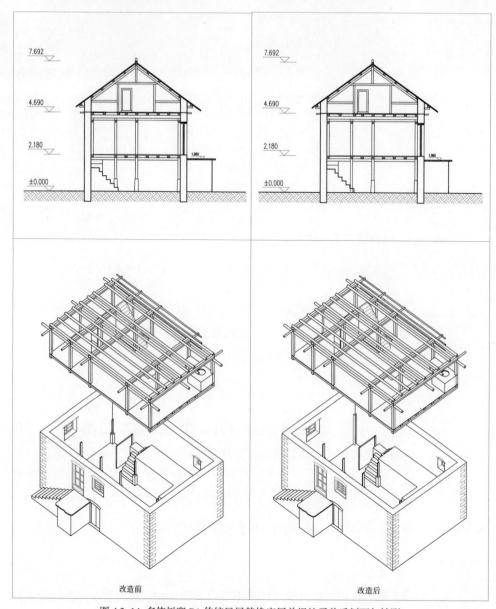

改造前　　　　　　　　　　　　　　　　改造后

图 4.2-14 多依树寨 B1 传统民居替换底层单根柱子前后剖面与轴测

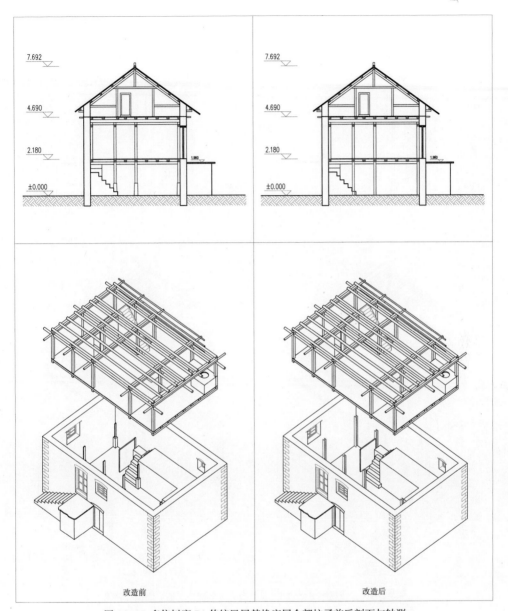

改造前　　　　　　　　　　　　　　　　　　　改造后

图 4.2-15 多依树寨 B1 传统民居替换底层全部柱子前后剖面与轴测

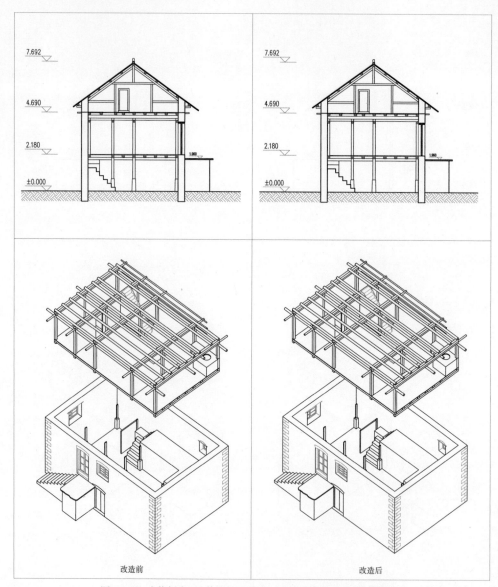

改造前

改造后

图 4.2-16 多依树寨 B1 传统民居替换二层单根柱子前后剖面与轴测

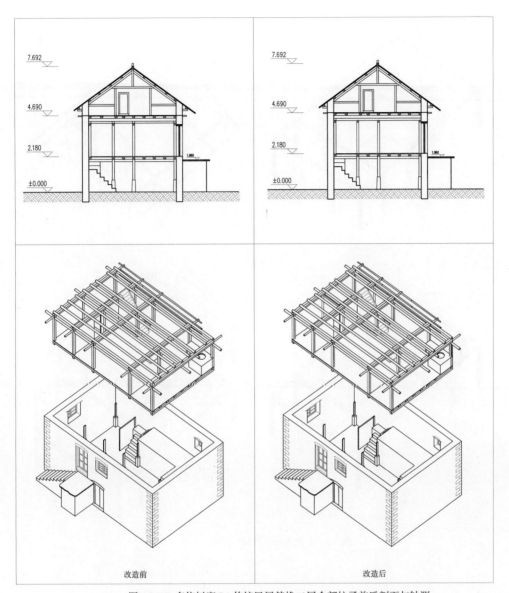

图 4.2-17 多依树寨 B1 传统民居替换二层全部柱子前后剖面与轴测

    在多依树寨 B1 传统民居的更新改造中，优先对四角的承重柱进行 H 型钢钢柱的替换，并采用工字钢钢梁拉结成圈梁，以提高建筑的刚度和整体性。与建筑形体对应的三层平台下方的承重柱也采用此替换方法（图 4.2-18）。

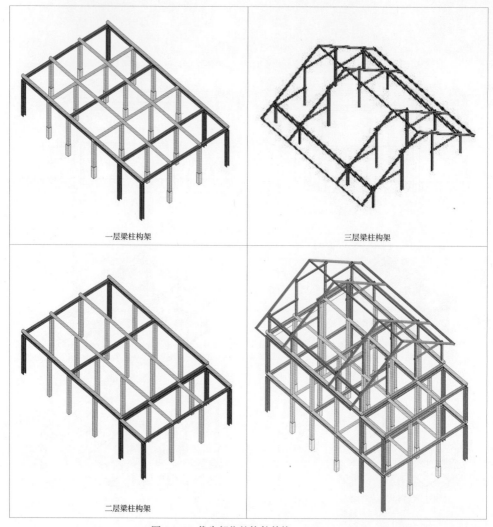

一层梁柱构架

三层梁柱构架

二层梁柱构架

图 4.2-18 优先部位的构件替换

2）木梁替换

哈尼传统民居的楼板有两种形式：一种为木楼板，其构造方法为直接在木椽子上铺木板；另一种为夯土地板，其构造方法为在木椽上铺设竹条，其上以厚土夯实。两种楼板的构造形式都不牢固。哈尼传统民居梁柱的搭接方式为榫卯搭接和绑扎搭接两种，整体结构也不稳固。在多

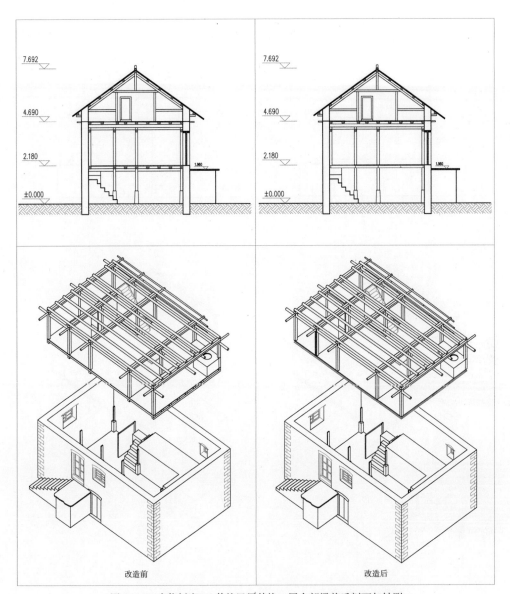

改造前   改造后

图 4.2-19 多依树寨 B1 传统民居替换一层全部梁前后剖面与轴测

依树寨 B1 传统民居的更新改造中，采用截面尺寸为 120 mm × 120 mm 的工字钢钢梁替换木梁（图 4.2-19、图 4.2-20），并在原木结构平台位置固定一根工字钢，增强结构整体的稳定性和抗剪能力。

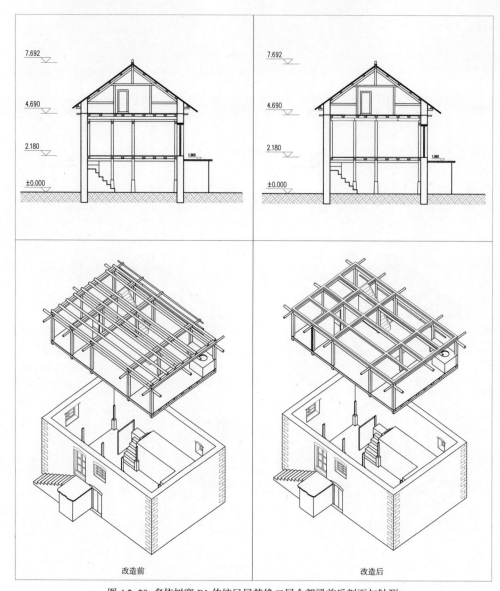

改造前　　　　　　　　　　　　　改造后

图 4.2-20 多依树寨 B1 传统民居替换二层全部梁前后剖面与轴测

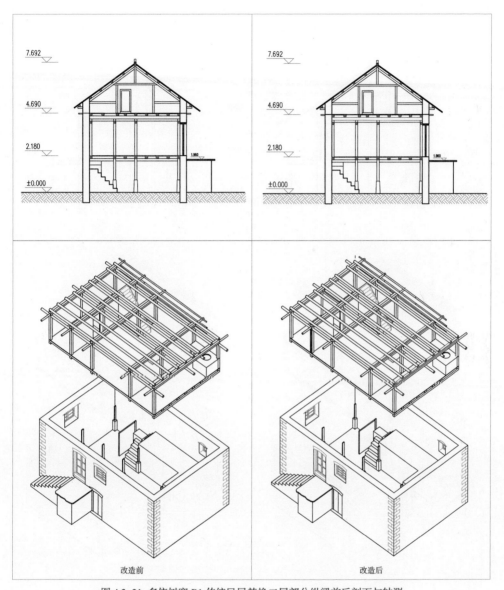

图 4.2–21 多依树寨 B1 传统民居替换二层部分纵梁前后剖面与轴测

　　对于整体结构良好的民居，可只替换部分梁柱（图 4.2–21、图 4.2–22），采用截面尺寸为 120 mm×120 mm 的工字钢钢梁替换部分木梁，并在原木结构平台位置固定一根工字钢，以增强整体结构稳定性和抗剪能力。

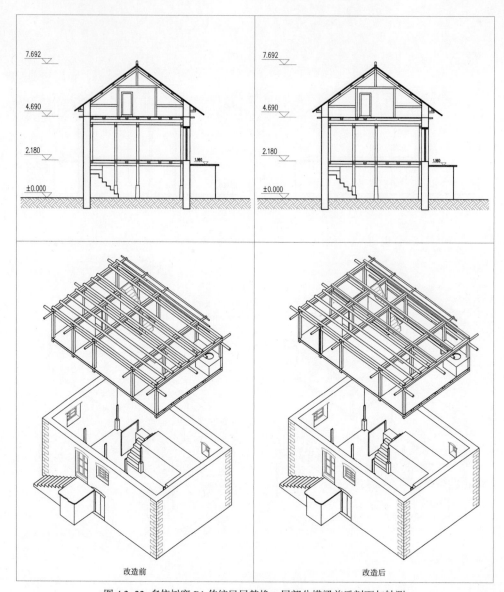

图 4.2-22 多依树寨 B1 传统民居替换一层部分横梁前后剖面与轴测

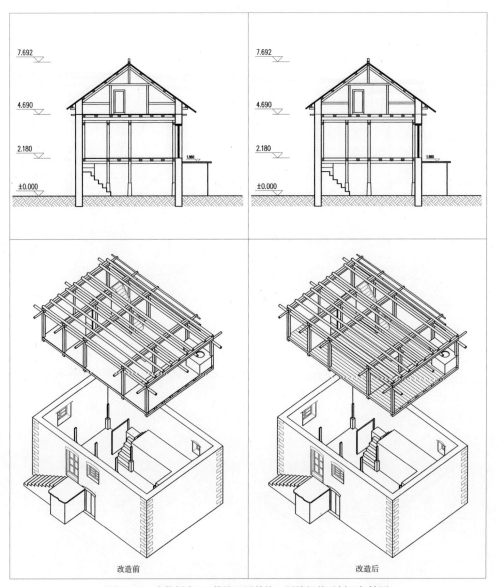

图 4.2-23　多依树寨 B1 传统民居替换一层楼板前后剖面与轴测

3）楼板替换

若一、二层楼板出现破损，可单独进行替换（图 4.2-23）。

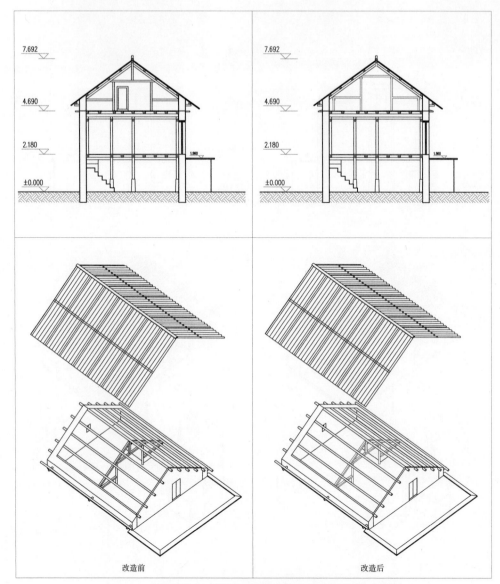

改造前　　　　　　　　　　　　　改造后

图 4.2-24　多依树寨 B1 传统民居替换一榀钢屋架前后剖面与轴测

4）屋架替换

哈尼传统民居的三层为阁楼，采用梁柱式木屋架支撑屋顶。可考虑将受损的一榀木屋架单独替换成由截面尺寸为 100 mm×68 mm 的工字钢和截面尺寸为 100 mm×100 mm 的 H 型钢搭成的钢屋架（图 4.2-24）。

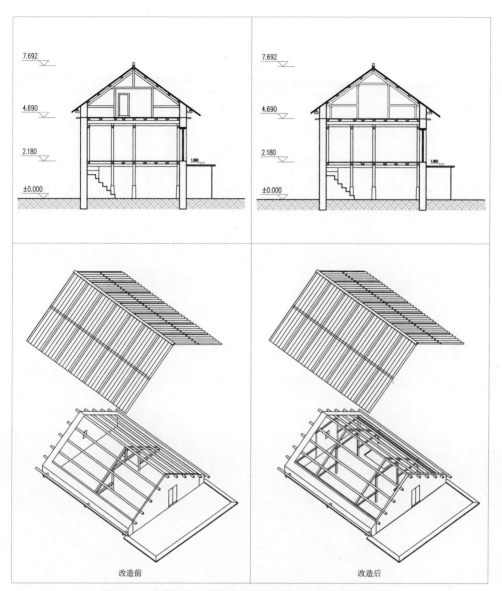

改造前　　　　　　　　　　　　　　　改造后

图 4.2-25 多依树寨 B1 传统民居替换整体钢屋架前后剖面与轴测

　　若传统民居屋架的稳定性差，可考虑用截面尺寸为 100 mm×68 mm 的工字钢和截面尺寸为 100 mm×100 mm 的 H 型钢搭成的轻钢屋架进行替换，并简化构造做法，增加斜梁，将檩条搭接在斜梁上，加强屋架的整体稳定性（图 4.2-25）。

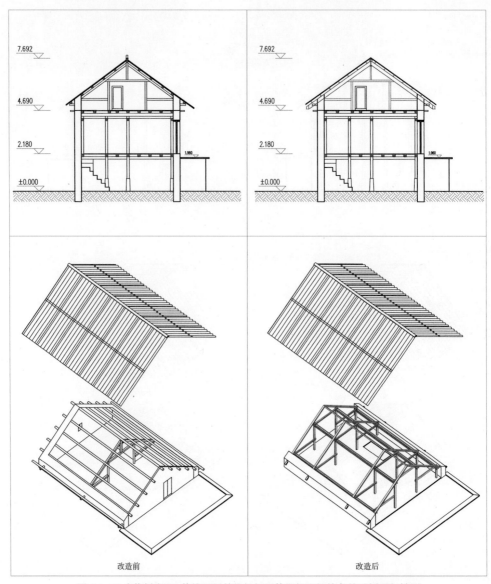

改造前 改造后

图 4.2-26 多依树寨 B1 传统民居替换轻钢整体屋架和钢檩条前后剖面与轴测

以轻钢整体屋架替换木屋架和檩条，增强屋架结构的整体性（图4.2-26）。

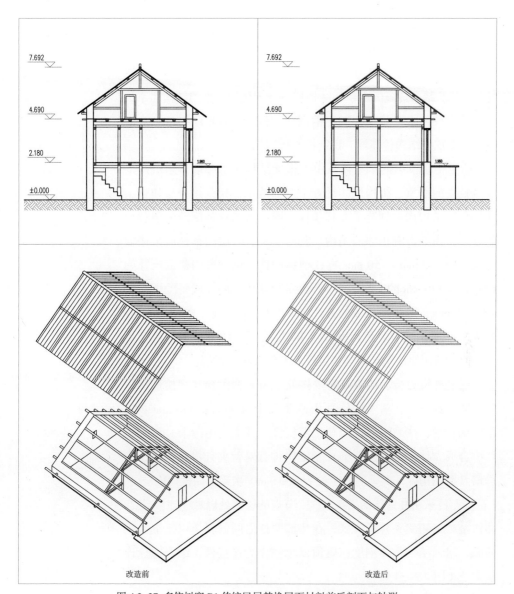

改造前　　　　　　　　　　　　　　　改造后

图 4.2-27　多依树寨 B1 传统民居替换屋面材料前后剖面与轴测

5）屋面替换

哈尼传统民居原有的蘑菇顶为茅草顶，这种构造做法已不适合现在使用，因此应对屋面材料进行替换（图 4.2-27）。

6）整体修复与加固

（1）木框架与钢框架结合

对于质量较差但具有保留意义的房屋，可对整体结构进行修复与加固，结合传统的木框架结构体系与现代的钢框架结构体系，将部分木柱与木梁替换为工字钢钢柱和钢梁，将木屋架替换为钢屋架，以加强结构整体性、稳定性和抗震性。

哈尼传统民居的承重体系由木框架结构承重和墙体承重两个各自独立的承重系统构成，且置于内部的木框架采用分层建造，这为替换结构构件创造了有利条件，因此可采取整层或分层替换的方式，而不影响相邻的结构。其中，一、二层的钢柱可采用截面尺寸为 150 mm × 150 mm 的 H 型钢钢柱，钢梁采用截面尺寸为 120 mm × 120 mm 的工字钢梁，屋架部分采用由两个截面尺寸为 90 mm × 40 mm 的 C 型钢拼成的方柱和单根 C 型钢钢梁。如图 4.2–28~图 4.2–32 所示，对多依树寨 B1、B2 传统民居的分层构件进行更新替换，从而使建筑结构的稳定性和整体性得到增强。

钢木材料的梁、柱节点的铰接处采用 L 型角钢和螺栓连接固定（图 4.2–33）。基本构件采用截面尺寸为 90 mm × 40 mm 的 C 型轻钢，梁、柱采用拼合的 C 型钢构件，其中柱由两个 C 型钢构件拼合成方柱，主梁由两个 C 型钢构件背对背夹柱搭接，次梁为单根 C 型钢构件，次梁的间距设为 600 mm，次梁上做楼地面层。

梁、柱采用柱穿梁的搭接方式，节点的铰接处以螺栓连接。梁、柱铰接处采用梁夹柱的方式；在角部两柱之间做斜撑以抵抗水平荷载，增强结构整体刚度；屋顶以短柱作为连接件，结合螺栓连接檩条（图 4.2–34）。

经更新替换后，结构上梁、柱贯通，不被任何构件打断，建筑的四角增加斜撑，使得内部的支撑系统连接成一个整体，增强了对横向荷载的支撑和结构稳定性、整体性，有利于抗震（图 4.2–35）。

采用柱穿梁的搭接方式后，屋顶檩条（相当于次梁）与原结构的方向一致，原屋顶的檩条可以得到保留，也可以局部替换或整体替换成钢檩条，或替换成新的木檩条（图 4.2–36）。

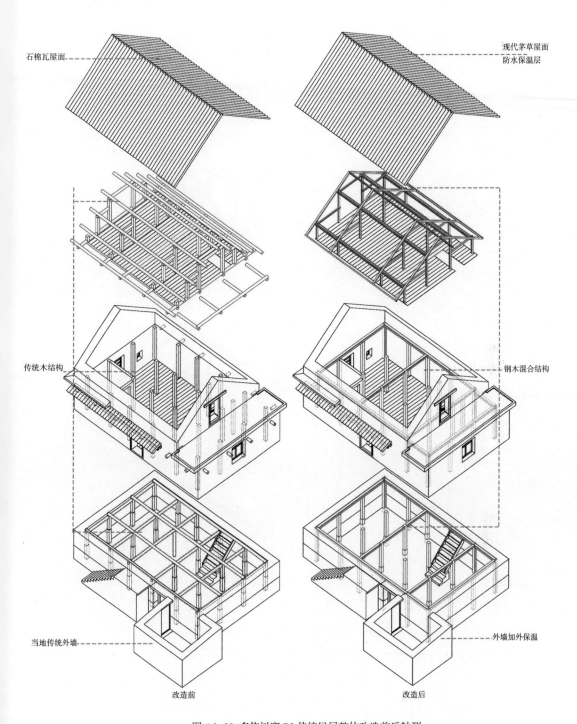

石棉瓦屋面

现代茅草屋面
防水保温层

传统木结构

钢木混合结构

当地传统外墙

外墙加外保温

改造前

改造后

图 4.2-28 多依树寨 B2 传统民居整体改造前后轴测

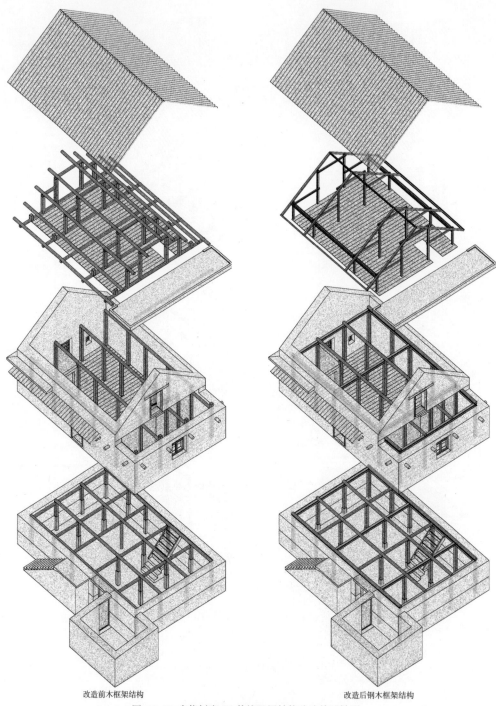

改造前木框架结构 改造后钢木框架结构

图 4.2-29 多依树寨 B2 传统民居结构改造前后轴测

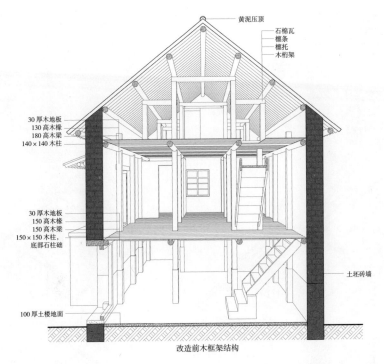

黄泥压顶

石棉瓦
檩条
檩托
木桁架

30 厚木地板
130 高木椽
180 高木梁
140×140 木柱

30 厚木地板
150 高木椽
150 高木梁
150×150 木柱,
底部石柱础

土坯砖墙

100 厚土楼地面

改造前木框架结构

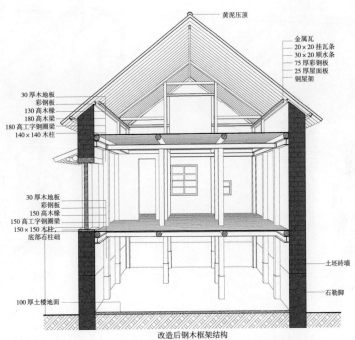

黄泥压顶

金属瓦
20×20 挂瓦条
30×20 顺水条
75 厚彩钢板
25 厚屋面板
钢屋架

30 厚木地板
彩钢板
130 高木椽
180 高木梁
180 高工字钢圈梁
140×140 木柱

30 厚木地板
彩钢板
150 高木椽
150 高工字钢圈梁
150×150 木柱,
底部石柱础

土坯砖墙

石勒脚

100 厚土楼地面

改造后钢木框架结构

图 4.2- 30 多依树寨 B2 传统民居结构改造前后剖透视

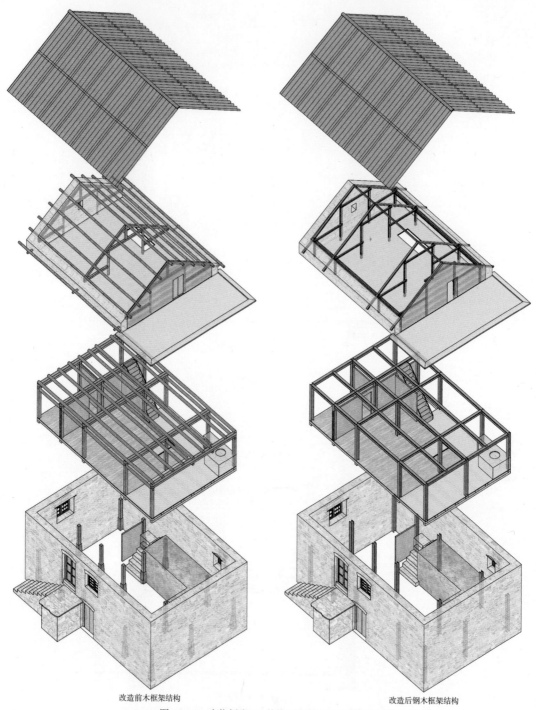

改造前木框架结构 改造后钢木框架结构

图 4.2- 31 多依树寨 B1 传统民居结构改造前后轴测

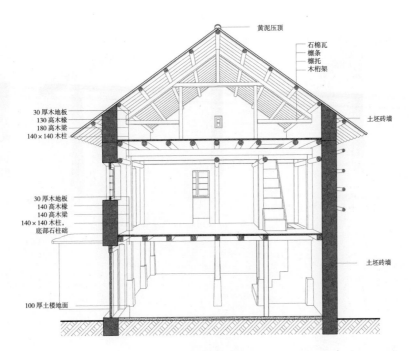

黄泥压顶

石棉瓦
檩条
檩托
木桁架

30 厚木地板
130 高木椽
180 高木梁
140×140 木柱

土坯砖墙

30 厚木地板
140 高木椽
140 高木梁
140×140 木柱，
底部石柱础

土坯砖墙

100 厚土楼地面

改造前木框架结构

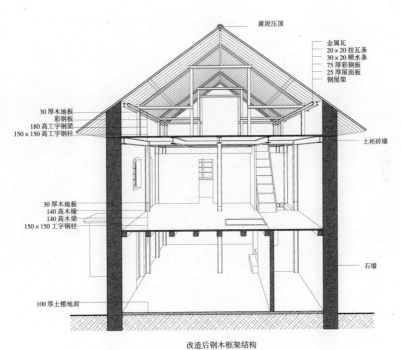

黄泥压顶

金属瓦
20×20 挂瓦条
30×20 顺水条
75 厚彩钢板
25 厚屋面板
钢屋架

30 厚木地板
彩钢板
180 高工字钢梁
150×150 高工字钢柱

土坯砖墙

30 厚木地板
140 高木椽
140 高木梁
150×150 工字钢柱

石墙

100 厚土楼地面

改造后钢木框架结构

图 4.2-32　多依树寨 B1 传统民居结构改造前后剖透视

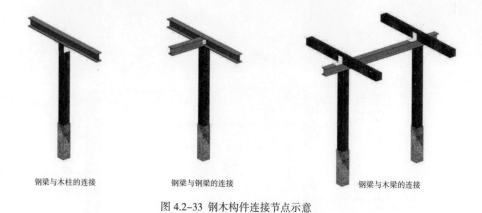

钢梁与木柱的连接　　　　　钢梁与钢梁的连接　　　　　钢梁与木梁的连接

图 4.2-33　钢木构件连接节点示意

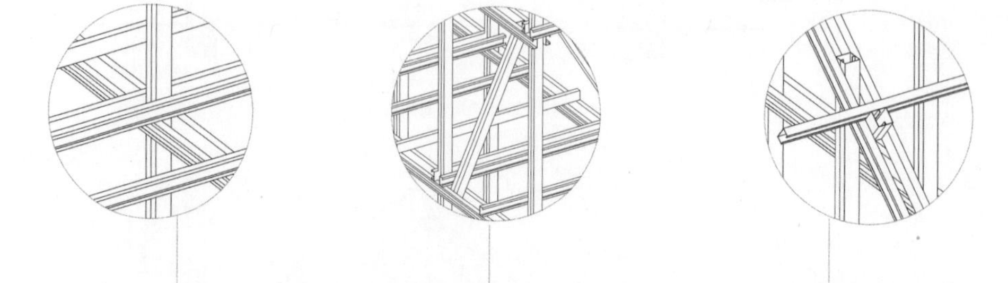

图 4.2-34　不同构件节点处的铰接处理

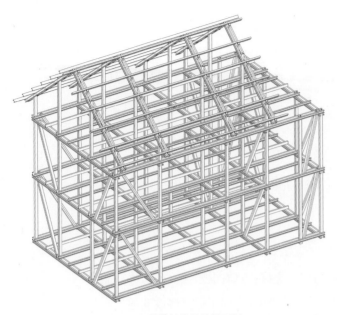

图 4.2-35　整体结构的替换更新

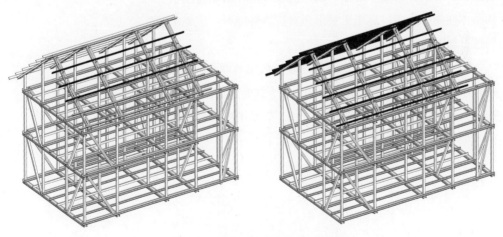

图 4.2-36　檩条根据需要可选择不同材料

（2）钢框架结构体系

对于整体结构质量差但风貌较完好、具有保留意义的传统民居，可采用结构整体更新的方法，在外立面不做过多改变的情况下，将整体的木框架结构体系替换为钢框架结构体系（图4.2-37~图4.2-39），这种做法有利于维持整体结构的稳定性，提高抗震性能。

（3）轻钢结构体系

对于部分质量较差的危房或者不具有保留意义的非传统民居，可以进行轻钢结构体系的替换。薄壁冷弯轻型钢结构具有重量轻、建筑材料便于运输、结构抗震性高、搭建速度快、结构整体性高的特点，适用于对山区对抗震性能有一定要求的民居进行加固改造。

轻钢结构体系的竖向承重构件以模数为 600 mm 的 C 型钢拼合而成，可以灵活适应开门窗的需求，同时保证结构的强度。柱与梁的铰接方式采用梁夹柱的方式，简易了横梁与屋面斜梁的施工工艺（图4.2-40）。

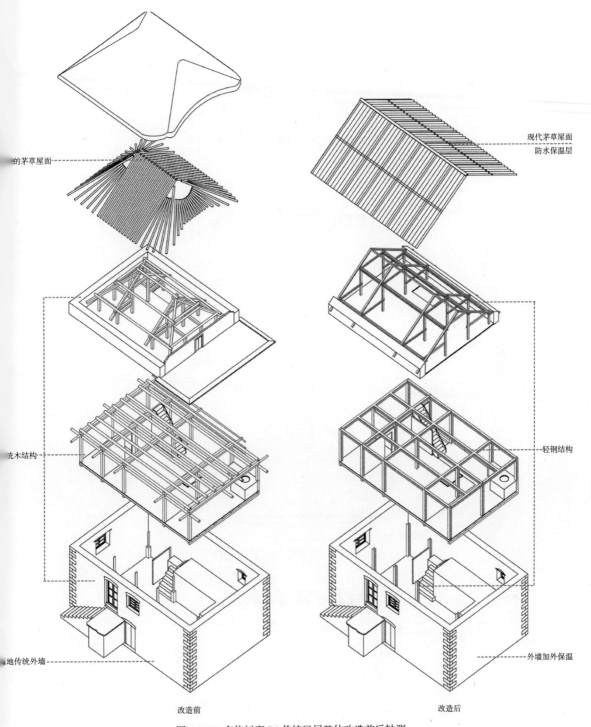

现代茅草屋面
防水保温层

的茅草屋面

轻钢结构

统木结构

外墙加外保温

地传统外墙

改造前

改造后

图 4.2-37 多依树寨 B1 传统民居整体改造前后轴测

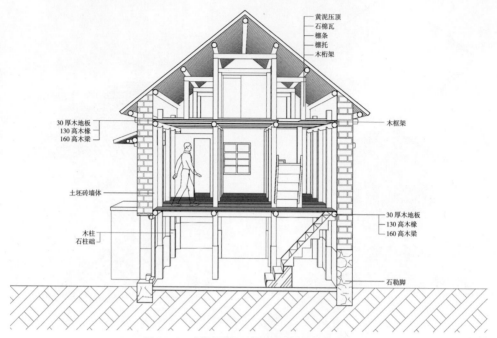

黄泥压顶
石棉瓦
檩条
檩托
木桁架

30 厚木地板
130 高木椽
160 高木梁

木框架

土坯砖墙体

30 厚木地板
130 高木椽
160 高木梁

木柱
石柱础

石勒脚

图 4.2-38 多依树寨 B2 传统民居改造前剖透视

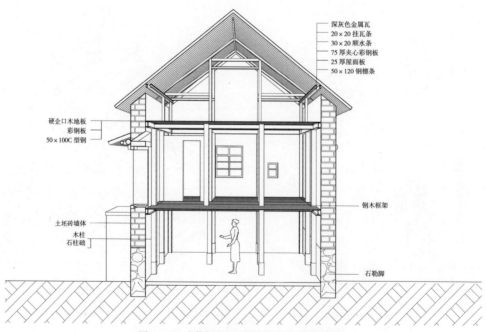

深灰色金属瓦
20×20 挂瓦条
30×20 顺水条
75 厚夹心彩钢板
25 厚屋面板
50×120 钢檩条

硬企口木地板
彩钢板
50×100C 型钢

土坯砖墙体
木柱
石柱础

钢木框架

石勒脚

图 4.2-39 多依树寨 B2 传统民居改造后剖透视

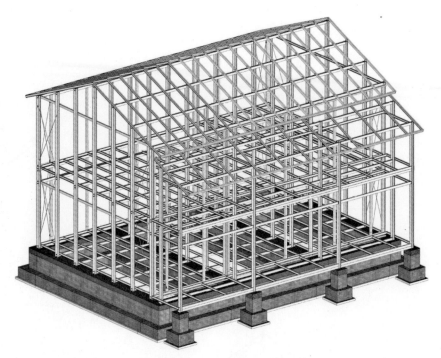

图 4.2– 40 多依树寨 B2 传统民居轻钢结构体系

3. 屋顶改造与更新

问题:

① 传统民居屋顶构造的物理性能和结构稳定性都较差;② 部分新建民居采用平屋顶形式,与传统风貌不符;③ 当前村落内屋面材料各异,以石棉瓦顶为主,不利于传统风貌的延续,但当地已难以提供足量的茅草供屋顶定期翻新使用,寻找新的替代材料成为屋顶更新的首要问题。

策略:

① 根据屋顶的现状,采用钢结构骨架对屋顶进行局部加固或整体替换;② 提出平改坡的策略,统一屋顶形制;③ 寻找可替代茅草的屋面材料,延续村落风貌。

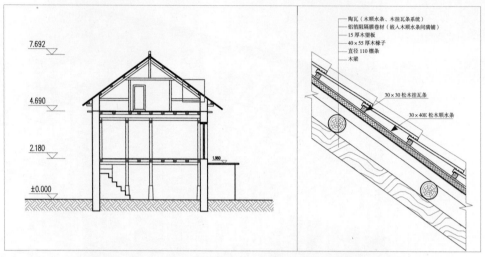

图 4.2-41 多依树寨 B1 传统民居改造前屋面构造

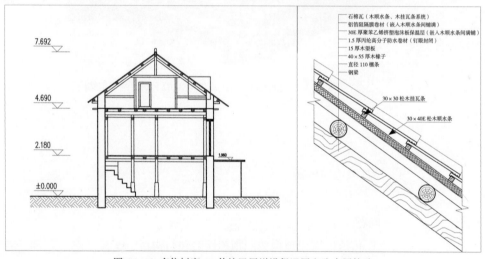

图 4.2-42 多依树寨 B1 传统民居增设保温层和防水层构造

1）坡屋顶的修复与加固

（1）屋面修复（图 4.2-41～图 4.2-44）

哈尼传统民居的"蘑菇顶"为四坡的茅草顶，但本地的茅草和稻草已很难满足"蘑菇顶"的用材需求，致使"蘑菇顶"现存较少。哈尼传统民居的屋顶形式现以双坡的石棉瓦屋顶为主，还有少量的青瓦屋顶。石棉瓦或青瓦屋顶的构造层次从下至上依次为木梁、木檩条、木椽子、

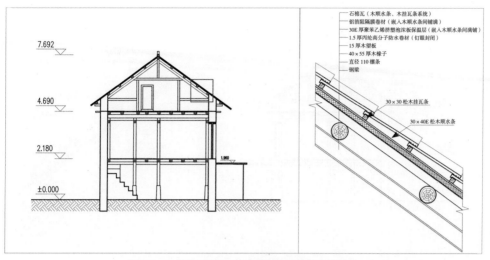

图 4.2-43 多依树寨 B1 传统民居钢梁替换木梁构造

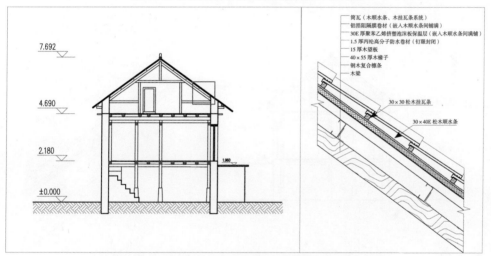

图 4.2-44 多依树寨 B1 传统民居钢木复合檩条替换木檩条构造

木望板、顺水条、挂瓦条、石棉瓦或青瓦，檩头和屋面板挑出山墙面，有条件的屋面加博风板。传统的石棉瓦屋顶结构没有保温层和防水层，在改造过程中，宜在原有屋架上增设保温层和防水层，以保证居住的舒适性和安全性，增强屋顶的耐久性。可在原有屋顶构造上增设聚苯乙烯的保温层和防水卷材的防水层，保持原有构造的层次不变，并可以逐一

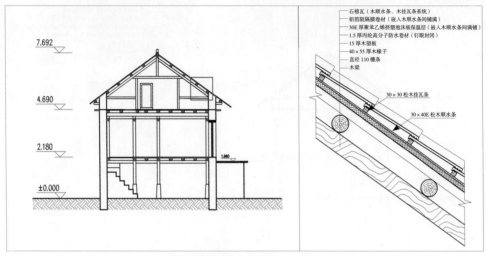

图 4.2-45 多依树寨 B1 传统民居顺水条修复后构造

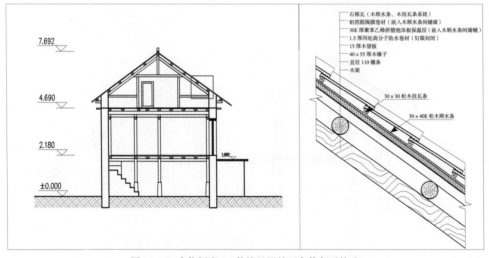

图 4.2-46 多依树寨 B1 传统民居挂瓦条修复后构造

地进行替换。如采用截面尺寸为 120 mm × 120 mm 的工字钢钢梁替换木梁，采用钢木复合檩条替换原木檩条。

在增设保温层和防水层、保持原有构造层次不变的基础上，可单独替换顺水条或挂瓦条（图 4.2-45、图 4.2-46）。

可以选择石棉瓦、筒瓦、黏土平瓦、彩色混凝土瓦、合成树脂波形

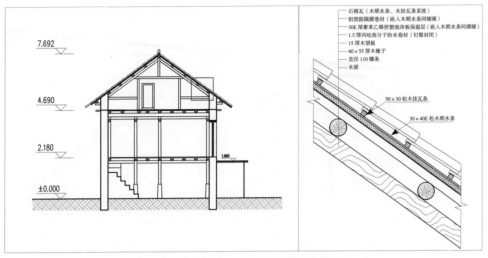

图 4.2-47　多依树寨 B1 传统民居石棉瓦屋面构造

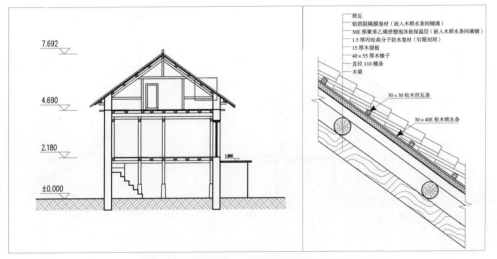

图 4.2-48　多依树寨 B1 传统民居筒瓦屋面构造

瓦和沥青瓦等作为屋面材料（图 4.2-47~ 图 4.2-50）。

黏土平瓦和彩色混凝土瓦屋面需使用挂瓦条，可直接在原屋顶构造基础上更换瓦片。黏土平瓦的优点是符合哈尼族的乡土特色，价格低廉，质量均匀，使用寿命长，便于生产，适合农村地区采用；缺点是自重大，施工效率低，需要大量木材，不环保等。彩色混凝土瓦的优点是抗压能

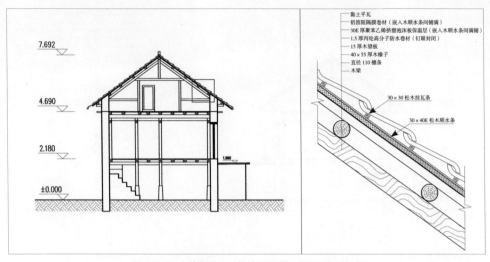

图 4.2-49 多依树寨 B1 传统民居黏土平瓦屋面构造

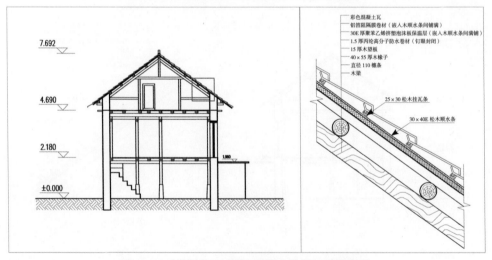

图 4.2-50 多依树寨 B1 传统民居彩色混凝土瓦屋面构造

力强，承载能力高，防水性能好，质量轻，盖瓦效率高，造价便宜等；缺点是易风化，寿命短等。

　　合成树脂波形瓦和沥青瓦无须挂瓦条，可以直接铺设于木望板上（图 4.2-51、图 4.2-52）。合成树脂波形瓦的优点是重量轻，安装方便，隔

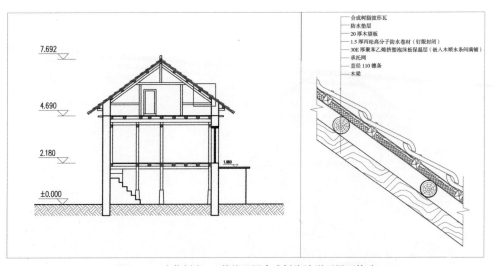

合成树脂波形瓦
防水垫层
20厚木塑板
1.5厚丙纶高分子防水卷材（钉眼封闭）
30E厚聚苯乙烯挤塑泡沫板保温层（嵌入木顺水条间满铺）
承托网
直径110檩条
木梁

图 4.2-51 多依树寨 B1 传统民居合成树脂波形瓦屋面构造

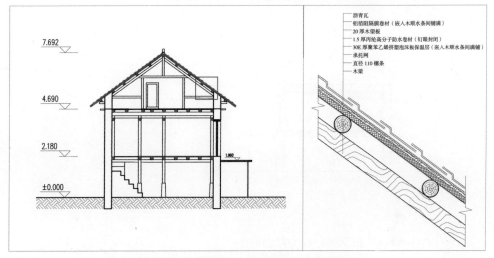

沥青瓦
铝箔阻隔膜卷材（嵌入木顺水条间铺满）
20厚木塑板
1.5厚丙纶高分子防水卷材（钉眼封闭）
30E厚聚苯乙烯挤塑泡沫板保温层（嵌入木顺水条间满铺）
承托网
直径110檩条
木梁

图 4.2-52 多依树寨 B1 传统民居沥青瓦屋面构造

音隔热，自清洁，强度大，适合传统民居结构中新建坡屋面或老建筑平改坡屋面；缺点是防水性差，耐高温差，有热膨胀性等。沥青瓦的优点是造型多样，重量轻，防水，耐腐蚀，抗风；缺点是易老化，易风化，阻燃性差等。

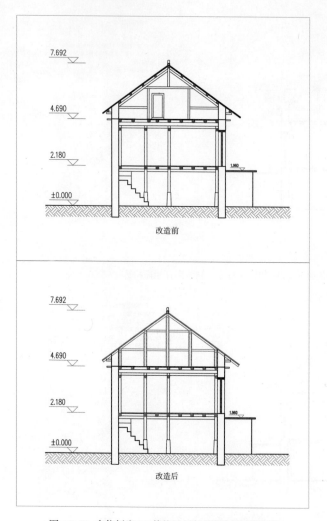

图 4.2-53 多依树寨 B1 传统民居轻钢屋架改造前后

（2）结构加固

坡屋顶结构的更新采用了仿中国传统的穿斗式木结构的轻钢结构体系，并增加了轻钢构件的厚度（图 4.2-53、图 4.2-54）。构件厚度增加后，轻钢结构总用钢量和施工难度、建设成本都得到了大幅度的降低，施工工艺更为简化，其适应性也得到加强，适合在元阳地区推广。

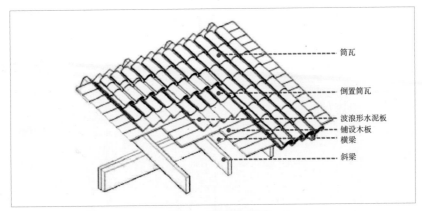

图 4.2-54 轻钢屋架轴测

2）平屋顶的修复与加固

平屋顶改为坡屋顶可利用原有建筑檐沟排水，屋顶的坡度可设置为 21.8°（1∶2.5）、26.57°（1∶2）、30°、35°、40°，也可基于现有的哈尼传统民居坡度进行改造，屋面形式采用与传统民居相同的悬山两坡顶。改造时在平屋顶上铺设卧梁，铺设间距为 2700~3000 mm，卧梁须与原有承重墙的位置重合，以便增强新旧屋面的整体结构强度，同时作为新设立柱的支撑（图 4.2-55~ 图 4.2-58）。

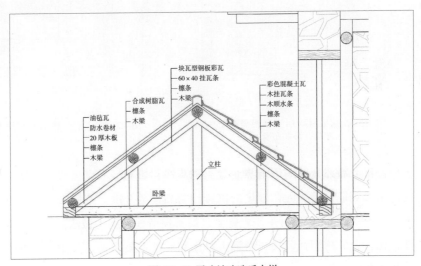

图 4.2-55 平改坡改造后大样

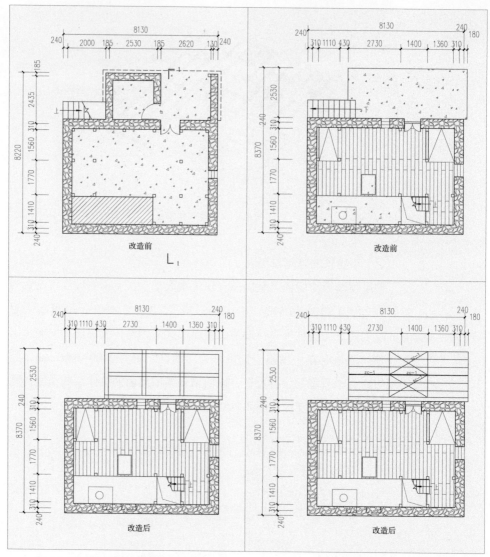

图 4.2-56 多依树寨 B1 传统民居平改坡 　　图 4.2-57 多依树寨 B1 传统民居平改坡
　　　改造：卧梁布置 　　　　　　　　　改造：钢结构布置

　　新建山墙部分可采用现浇混凝土构造柱，填充轻质砌体墙，构造柱与填充墙之间以水平钢筋连接。元阳地区的抗震设防烈度为 7 度，按照规范要求钢筋搭接长度不应小于 700 mm。也可采用先砌墙、后筑构造柱的施工做法。屋面覆盖材料可采用油毡瓦、合成树脂瓦、块瓦型钢板彩瓦和彩色混凝土瓦，其中彩色混凝土瓦需铺设挂瓦条和顺水条。

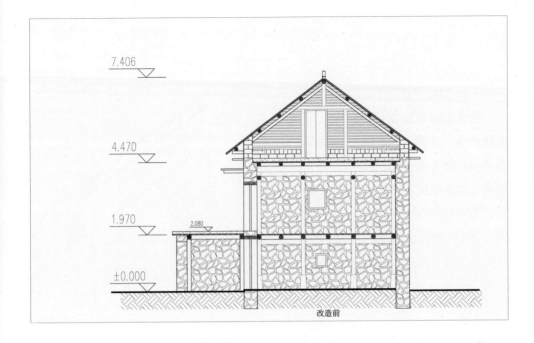

改造前

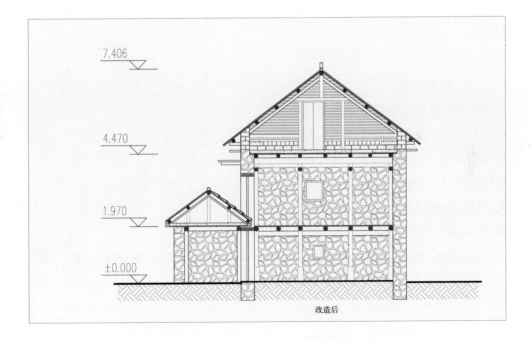

改造后

图 4.2-58 多依树寨 B1 传统民居平改坡改造前后剖面

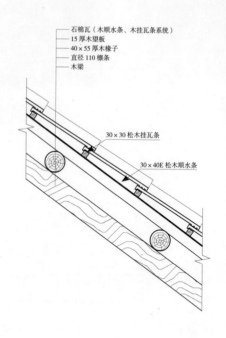

石棉瓦（木顺水条、木挂瓦条系统）
15 厚木望板
40×55 厚木椽子
直径 110 檩条
木梁

30×30 松木挂瓦条

30×40E 松木顺水条

3）石棉瓦屋顶修复与加固

（1）屋面修复

传统石棉瓦屋顶构造层次从下至上依次为：木梁、木檩条、木椽子、木望板、顺水条及挂瓦条、石棉瓦。传统石棉瓦屋顶未设保温层和防水层，在改造中增设保温层和防水层，以增强其热工性能和防水性能（图4.2-59）。

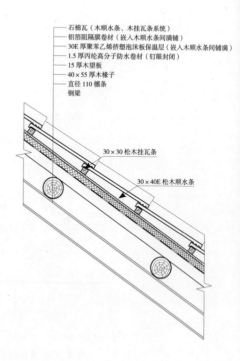

石棉瓦（木顺水条、木挂瓦条系统）
铝箔阻隔膜卷材（嵌入木顺水条间满铺）
30E 厚聚苯乙烯挤塑泡沫板保温层（嵌入木顺水条间铺满）
1.5 厚丙纶高分子防水卷材（钉眼封闭）
15 厚木望板
40×55 厚木椽子
直径 110 檩条
钢梁

30×30 松木挂瓦条

30×40E 松木顺水条

（2）屋面加固

在增设保温防水层的基础上，对屋顶构造层中需要更新的建筑构件单独进行替换（图4.2-60）。替换建筑构件采用 120 mm×120 mm 工字钢斜梁，110 mm×50 mm 的 C 型钢檩条，40 mm×55 mm 的木椽子。

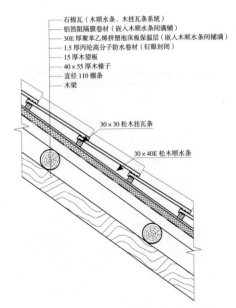

石棉瓦（木顺水条、木挂瓦条系统）
铝箔阻隔膜卷材（嵌入木顺水条间满铺）
30E 厚聚苯乙烯挤塑泡沫板保温层（嵌入木顺水条间铺满）
1.5 厚丙纶高分子防水卷材（钉眼封闭）
15 厚木望板
40×55 厚木椽子
直径 110 檩条
木梁

30×30 松木挂瓦条

30×40E 松木顺水条

图 4.2-59　增强石棉瓦屋顶热工性能和防水性能

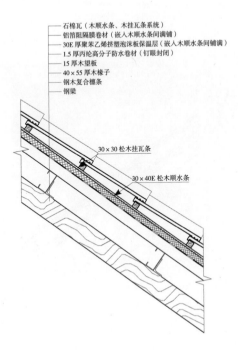

石棉瓦（木顺水条、木挂瓦条系统）
铝箔阻隔膜卷材（嵌入木顺水条间满铺）
30E 厚聚苯乙烯挤塑泡沫板保温层（嵌入木顺水条间铺满）
1.5 厚丙纶高分子防水卷材（钉眼封闭）
15 厚木望板
40×55 厚木椽子
钢木复合檩条
钢梁

30×30 松木挂瓦条

30×40E 松木顺水条

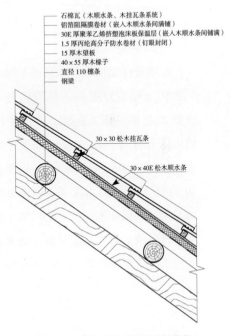

石棉瓦（木顺水条、木挂瓦条系统）
铝箔阻隔膜卷材（嵌入木顺水条间满铺）
30E 厚聚苯乙烯挤塑泡沫板保温层（嵌入木顺水条间铺满）
1.5 厚丙纶高分子防水卷材（钉眼封闭）
15 厚木望板
40×55 厚木椽子
直径 110 檩条
钢梁

30×30 松木挂瓦条

30×40E 松木顺水条

图 4.2-60　替换石棉瓦屋顶局部构件

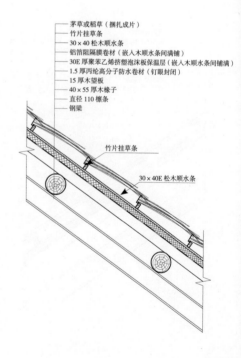

4）茅草屋顶的改造更新

（1）屋面修复

传统茅草屋顶的构造层次从下至上依次为木梁、木檩条、木椽子、木望板、顺水条和茅草。由于传统茅草屋顶未设保温和防水系统，因此在改造中增设保温层和防水层，以增强其热工性能和防水性能（图 4.2-61）。

（2）屋面加固

在增设保温层和防水层的基础上对屋面构造层需要更新的建筑构件单独进行的替换（图 4.2-62）。替换的建筑构件采用 120 mm × 120 mm 工字钢斜梁，110 mm × 50 mm 的 C 型钢檩条，40 mm × 55 mm 的木椽子。屋面基础层可采用彩钢板 + 木龙骨或耐候板 + 防水卷材两种构造方式，耐候板 + 防水卷材的构造方式更为经济合理（图 4.2-63）。

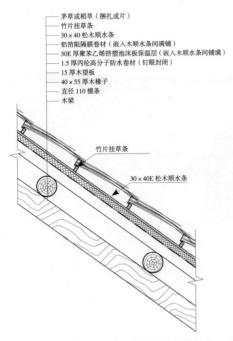

茅草或稻草（捆扎成片）
竹片挂草条
30×40 松木顺水条
铝箔阻隔膜卷材（嵌入木顺水条间满铺）
30E 厚聚苯乙烯挤塑泡沫板保温层（嵌入木顺水条间铺满）
1.5 厚丙纶高分子防水卷材（钉眼封闭）
15 厚木望板
40×55 厚木椽子
直径 110 檩条
木梁

竹片挂草条

30×40E 松木顺水条

图 4.2-61　茅草瓦屋顶热工性能及防水的加强

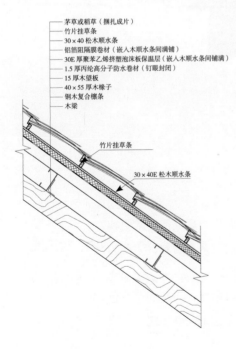

茅草或稻草（捆扎成片）
竹片挂草条
30×40 松木顺水条
铝箔阻隔膜卷材（嵌入木顺水条间满铺）
30E 厚聚苯乙烯挤塑泡沫板保温层（嵌入木顺水条间铺满）
1.5 厚丙纶高分子防水卷材（钉眼封闭）
15 厚木望板
40×55 厚木椽子
钢木复合檩条
木梁

竹片挂草条

30×40E 松木顺水条

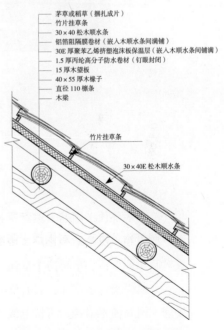

茅草或稻草（捆扎成片）
竹片挂草条
30×40 松木顺水条
铝箔阻隔膜卷材（嵌入木顺水条间满铺）
30E 厚聚苯乙烯挤塑泡沫板保温层（嵌入木顺水条间铺满）
1.5 厚丙纶高分子防水卷材（钉眼封闭）
15 厚木望板
40×55 厚木椽子
直径 110 檩条
木梁

竹片挂草条

30×40E 松木顺水条

图 4.2-62　茅草瓦屋顶局部构件的替换

图 4.2-63 屋面基础层构造方式

（3）风貌统一

传统茅草顶采用的天然茅草材料易燃、易腐烂，后期需时常更换，维护成本高，已不适合推广。市面上已有代替的仿茅草材料，主要为合成树脂仿茅草瓦、塑料仿茅草瓦、金属仿茅草瓦。

合成树脂仿茅草瓦：具有优异的耐候性和阻燃性、天然的茅草色和纹理，耐腐蚀不成锈，可抗七级以上台风，寿命达 10~50 年之久，安装简单，且施工成本低。

塑料仿茅草瓦：具有天然的茅草色和纹理，能达到天然茅草的效果，不生锈，不腐烂，不破裂，不生虫，防酸雨。其中 PVC 仿茅草瓦具备一定的防火性；PE 仿茅草相对 PVC 仿茅草瓦更接近自然茅草，但不具备防火性，需加入阻燃剂，以达到防火的要求。

金属仿茅草瓦：低碳环保，耐候性佳，仿茅草颜色时间越长越逼真，耐腐蚀，防风防火，寿命达 10~50 年，施工不受屋顶形状和坡度影响，质量轻，有利于结构设计，后期维护方便。

4. 墙身改造与更新

元阳哈尼传统民居的墙体主要分为石墙、土坯砖墙两种。两种墙体的优点是良好地运用了地方材料，经济便利，缺点是墙体热工性能不如现代建筑材料，土坯砖墙作为承重墙有较多限制，结构稳定性较差，也满足不了较大的开窗采光需求。在日常风雨的作用下，传统墙体的风貌多已破败。

问题：

①传统的墙身构造强度与结构整体性较差，无法满足山地地区抗震等级的要求；②热工性能有待加强，室内居住质量有待提升；③建筑外观风貌有待修复。

策略：

①在维持哈尼传统民居墙身基本构造的情况下，对墙身进行整体加固与修复，通过在墙身的内外两侧添加钢筋网砂浆面层加固墙体；②增加保温、隔热构造层，选取室内墙身面层材料，设计内墙身面层构造；③提出建筑外墙面层材料的保留和处理策略。

1）墙身整体性修复与加固

使用钢筋网砂浆面层加固墙体的做法为：在面层砂浆中配设一道钢筋网或钢板网，或者焊接钢丝网（图 4.2-64、图 4.2-65），砂浆强度等级大于 M10，宜采用水泥砂浆，钢筋网宜采用细密电焊钢筋网，与墙面

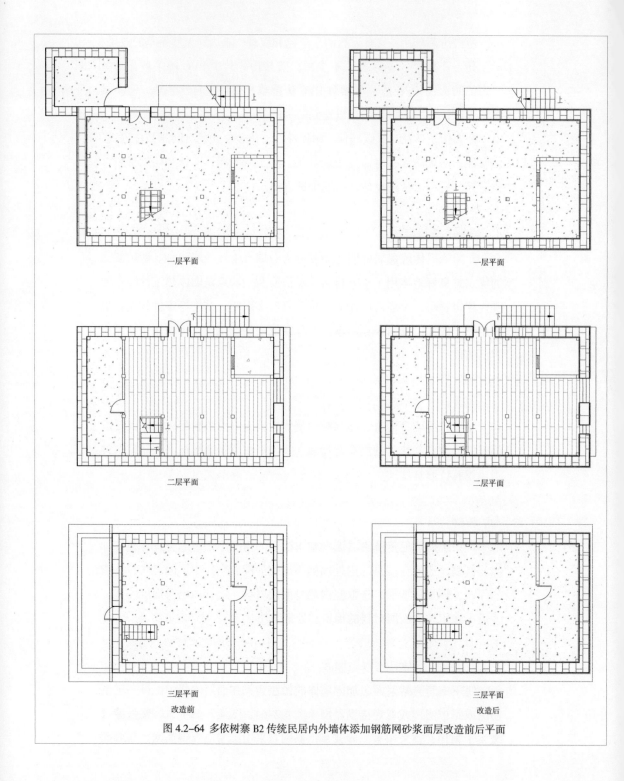

一层平面 | 一层平面

二层平面 | 二层平面

三层平面 | 三层平面

改造前 | 改造后

图 4.2-64 多依树寨 B2 传统民居内外墙体添加钢筋网砂浆面层改造前后平面

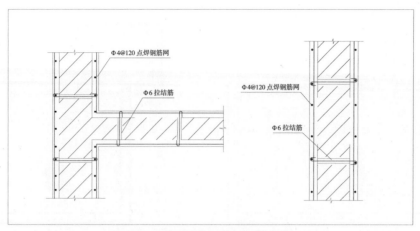

图 4.2-65　钢筋网砂浆面层加固墙体构造大样

的净距离大于 5 mm，网外表保护层厚度应大于 10 mm，从而提高墙体的承载能力和变形性能，进而加固墙体。这样墙体的抗裂性有较大幅度的改善，抗剪强度和延性也有所提高。

2）墙身保温与隔热

元阳地区昼夜温差大，因此考虑在原有外墙的基础上增加保温构造措施以增强墙体的热工性能。保温层的做法可分为外保温、内保温两种。

外保温的优点是适用范围广，基本消除了热桥的影响，便于旧建筑物进行节能改造，不占用房屋的使用面积；缺点是对保温材料的耐候性和耐久性要求较高。内保温的优点为施工简单，对保温材料的要求低，造价低；缺点是难以避免热桥的产生，且必须设置隔气层，以防墙体产生冷凝现象（图 4.2-66、图 4.2-67）。

（1）保温砂浆和聚苯板外保温构造做法

保温砂浆外保温构造做法：首先清理土坯墙，铲平凸起部分，然后在墙体上涂刷界面剂砂浆，接着涂刷胶粉聚苯颗粒保温浆料，每遍抹灰厚度不宜超过 25 mm，在保温浆料充分干燥之后涂刷聚合物抗裂砂浆，同时压入两层耐碱玻纤网格布，最后涂刷饰面层。

聚苯板外保温构造做法：首先用胶粘剂与原有墙体结合，再在聚苯板的外层涂刷嵌有耐碱标准网格布的抗裂砂浆，从而增强保温墙的抗裂

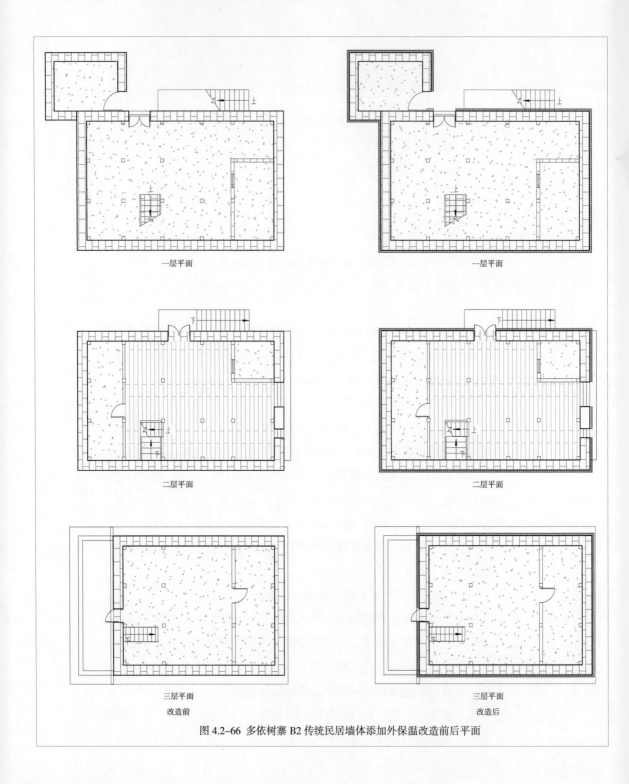

一层平面

一层平面

二层平面

二层平面

三层平面

改造前

三层平面

改造后

图 4.2-66 多依树寨 B2 传统民居墙体添加外保温改造前后平面

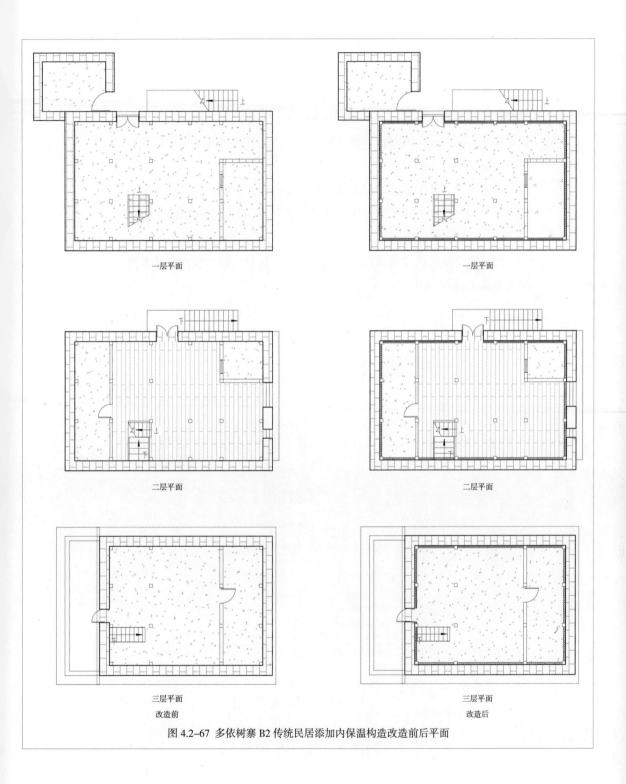

一层平面

一层平面

二层平面

二层平面

三层平面

三层平面

改造前

改造后

图 4.2-67 多依树寨 B2 传统民居添加内保温构造改造前后平面

能力。这种做法相比保温砂浆而言强度更高（图4.2-68）。

（2）保温砂浆（聚苯颗粒）内保温构造做法

先将内墙面清理干净，并用1:3的水泥砂浆或者保温浆料填塞洞口，再依次喷涂界面剂砂浆、聚苯颗粒保温砂浆，待保温层固化干燥后喷涂抗裂砂浆，同时压入两层耐碱玻纤网格布，最后使用涂料、墙纸或软瓷做内饰面（图4.2-69）。

总体而言，外保温比内保温效果好，造价低，且哈尼传统民居室内空间狭小，为了节约空间，获得更舒适的生活环境，建议选择外保温构造。

3）墙身面层的更新

传统的哈尼民居外墙面层为毛石或土坯砖材料，较为现代的外墙面层为混凝土材料（图4.2-70）。

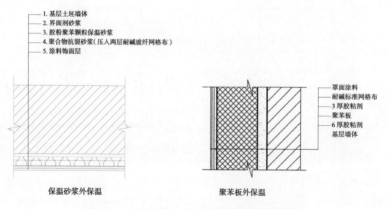

图4.2-68 多依树寨B2传统民居外保温构造大样

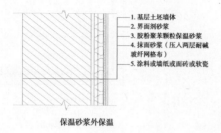

图4.2-69 多依树寨B2传统民居内保温构造大样

图 4.2-70 哈尼传统民居外立面材料

（1）外墙修复技术

元阳地区的居民常用的外墙修复做法是：在砖墙的外立面先涂刷一层水泥砂浆找平，接着涂抹添加草料纤维的黄泥浆，视立面需要，或直接在立面贴石片，或在涂料面层先勾出砖缝，再贴石片。两种工艺施工方便，在当地已应用成熟，但存在如下缺点：施工效率低，工序烦琐，颜色过于单一，分缝不够自然，在效果上与传统的土坯墙存在一定的差距。针对这些问题，提出以下几种修复策略。

①泥浆抹面。墙面构造稳固且完整的墙体，可采用泥浆抹面的施工工艺对外墙面进行风貌修复与统一。

②土坯砖砌筑。村落中新建的砖混结构民居的外墙面为红砖墙或者涂刷黄色颜料，与传统民居的风格不符。为更大程度地恢复传统风貌，可考虑回收村落旧房屋的土坯砖，用再加工后的土坯砖替换新建红砖房屋的外墙面材料（图4.2-71）。

③新型夯土墙。旧房屋原有墙体的土坯砖材料强度不高，保温性能不佳，可考虑在新建民居中使用新型夯土墙技术。新型夯土墙材料的做法是：先进行合理的材料配比，在生土材料中加入植物纤维和石子等骨料，再适当地提高配筋率，使用竹筋拉结等技术，最后经过养护、干燥后即可完成。这种做法大幅地提高了新型夯土墙的抗裂、抗剪和抗压性能，增强了抗震性能，同时也使哈尼民居的传统风貌和传统技艺得到传承与保护（图4.2-72）。

④装饰性外墙生土喷涂技术。装饰性外墙生土喷涂技术是昆明理工大学绿色乡土建筑研究所发明的一项国家发明专利，其主要做法为：在当地生土材料中添加胶结和拉结材料，使用空压机和喷枪喷涂土料，施工时使土料在墙体表面产生凹凸的效果。该技术使用的范围较为广泛，可用于清水墙面层、涂料面层、瓷砖面层，且可利用当地的天然土料色彩，成本低，施工方便；但是颜色不易控制，可能会出现颜色不均匀的情况，如用着色剂对土料进行改色，则颜色易于控制，而成本较高（图4.2-73、图4.2-74）。

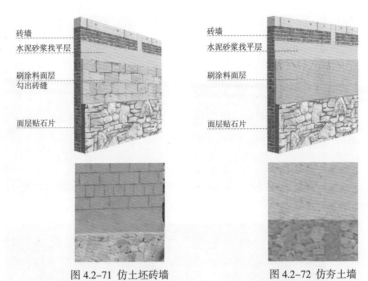

砖墙
水泥砂浆找平层
刷涂料面层
勾出砖缝
面层贴石片

图 4.2-71　仿土坯砖墙

砖墙
水泥砂浆找平层
刷涂料面层
面层贴石片

图 4.2-72　仿夯土墙

图 4.2-73　传统土坯房外观

图 4.2-74 生土样板实验效果

图 4.2-75 哈尼传统民居内墙面

　　装饰性外墙生土喷涂技术的优点是：外观较为真实，与传统的生土材料类似；耐腐蚀性墙，耐久性强；施工速度快。缺点是：抗压强度低，耐久力不如砂浆；受大规模快速施工与当地地质条件的影响；施工现场粉尘较大。

　　（2）内墙修复技术

　　哈尼传统民居的内墙材料也多为毛石、土坯砖等，未做面层装饰，颜色以深色系为主，室内采光不足，生活环境较差（图 4.2-75）。对内墙进行修复改造时，在保持原内墙面的面层构造的基础上，考虑元阳哈尼民居的传统风貌，可使用木饰面、乳胶漆饰面或者石膏板饰面进行装饰（图 4.2-76、图 4.2-77）。

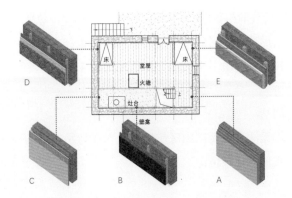

图 4.2-76　多依树寨 B2 传统民居二层室内墙面面层构造索引

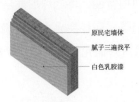

原民宅墙体
腻子三遍找平
白色乳胶漆

A 构造做法最为简单，在原民居墙体的基础上刷三遍腻子找平，再平涂白色乳胶漆。该做法适用于内部面积狭小的哈尼民居，可在视觉上增大室内空间。

原民宅墙体
木龙骨
密度板
木饰面

B 构造做法为在原民居墙体的基础上安装木龙骨，铺密度板，再接铺木饰面。木龙骨可隔离潮气，延长面层的使用时间。该做法适合部分室内空间使用，与外立面风貌相协调。

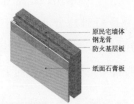

原民宅墙体
钢龙骨
防火基层板
纸面石膏板

C 构造做法为在原民居墙体的基础上安装轻钢龙骨，铺设防火基层板，再接铺纸面石膏板。轻钢龙骨的使用寿命比木龙骨更长，防火基层板增加防火性能，该做法适合大部分室内空间使用。

原民宅墙体
木龙骨
密度板
纸面石膏板
壁纸

D 构造做法为在原民居墙体的基础上安装木龙骨，依次铺密度板、纸面石膏板，最后平铺壁纸。该做法同样因安装了木龙骨，隔离了潮气，延长了面层的使用时间，壁纸面层适用于卧室等室内小空间。

原民宅墙体
木龙骨
细木工板刷防火涂料
密度板
石膏板基层
软包面层

E 构造做法为在原民居墙体的基础上安装木龙骨，铺细木工板，刷防火涂料，再铺密度板、纸面石膏板，最后铺软包面层。该做法同样因安装了木龙骨，隔离了潮气，延长了面层的使用时间。软包面层具有一定的吸声性，适合卧室或者需要隔声的室内空间。

图 4.2-77　多依树寨 B2 传统民居二层室内墙面面层设计构造

5. 楼板改造与更新

哈尼传统民居的楼板主要分为土楼板和木楼板两种，两种传统楼板在实用性和环境卫生上都存在不足（图4.2-78）。

问题：

①无法满足元阳山区抗震七级对受弯承载力的要求；②无法提供良好的室内居住环境。

策略：

①采用碳纤维片材加固楼板的做法，提高楼板的整体性，从而提高整体的抗震性能。②根据不同楼层使用特性，将地坪层面层换成水泥自流平或者抛光混凝土地面，将二、三层楼面替换成木地板楼面或地砖楼面。其构造层可根据实际情况和需求进行简化处理（图4-79）。

1）楼板整体性的修复与加固

哈尼传统民居多为二、三层，室内通过楼梯相连，楼梯的开洞位置切断了楼板的传力路径，造成洞口周边的应力集中，使得楼板的承载力降低。在对楼板进行整体性修复和加固中，可采用碳纤维片材加固楼板上的洞口（图4.2-80、图4.2-81），将碳纤维片全部粘贴于洞口的周边底面。碳纤维片材的布置应与楼板的受力情况相适应，受拉纤维的方向与楼板的拉应力方向保持一致。具体为：将受力较小方向上的碳纤维片

图4.2-78 哈尼传统民居楼板现状

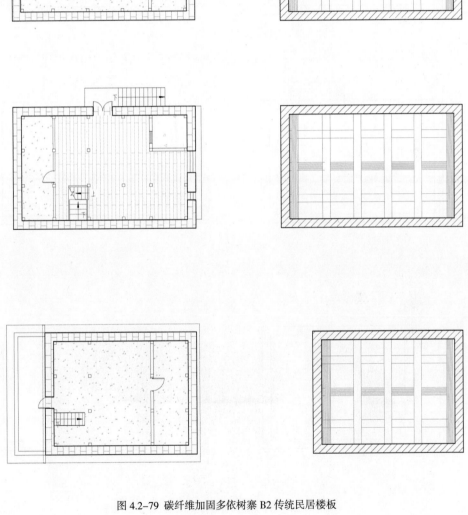

图 4.2-79 碳纤维加固多依树寨 B2 传统民居楼板

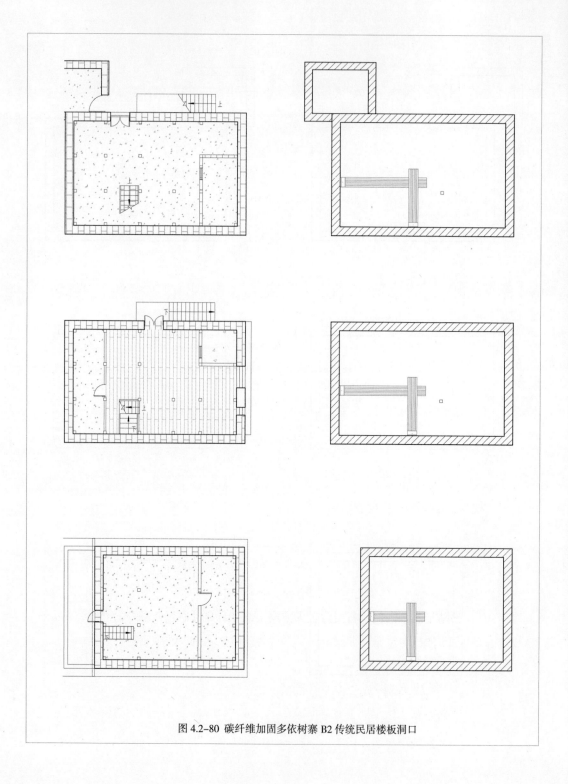

图 4.2-80 碳纤维加固多依树寨 B2 传统民居楼板洞口

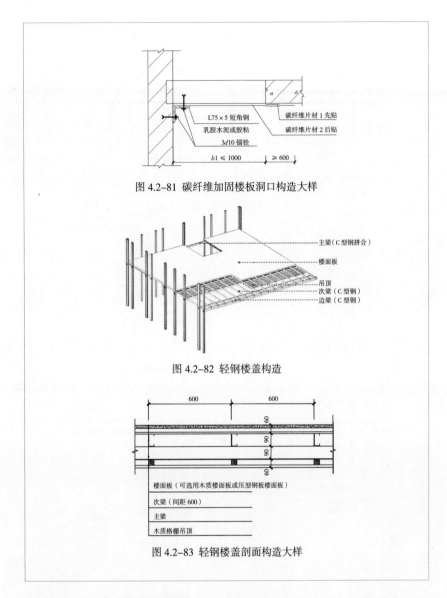

图 4.2-81 碳纤维加固楼板洞口构造大样

图 4.2-82 轻钢楼盖构造

图 4.2-83 轻钢楼盖剖面构造大样

粘贴于洞口内侧，将受力较大方向上的碳纤维片粘贴于洞口的外侧，从而对楼板洞口进行加固，提高房屋的整体性和耐久性。

  2）轻钢体系楼盖替换

    当哈尼传统民居的原有楼板已无法使用时，可考虑将其替换为轻钢楼盖，在主梁上布置次梁，次梁间距为 600 mm，主梁下做格栅吊顶，次梁上铺楼面板（图 4.2-82、图 4.2-83）。楼板的面层可根据喜好选择

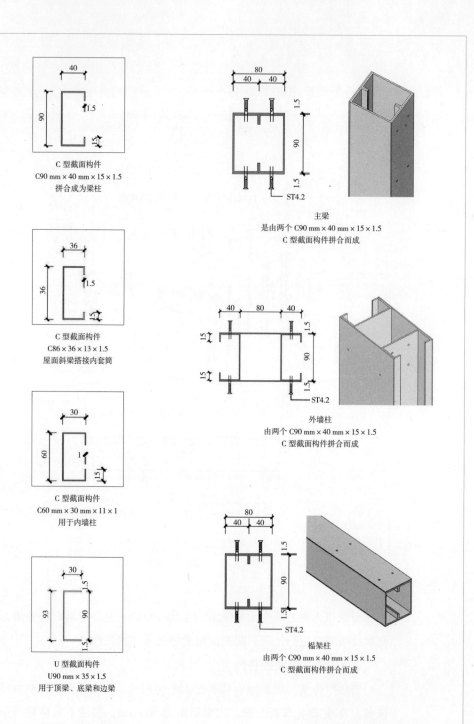

C 型截面构件
C90 mm × 40 mm × 15 × 1.5
拼合成为梁柱

C 型截面构件
C86 × 36 × 13 × 1.5
屋面斜梁搭接内套筒

C 型截面构件
C60 mm × 30 mm × 11 × 1
用于内墙柱

U 型截面构件
U90 mm × 35 × 1.5
用于顶梁、底梁和边梁

主梁
是由两个 C90 mm × 40 mm × 15 × 1.5
C 型截面构件拼合而成

外墙柱
由两个 C90 mm × 40 mm × 15 × 1.5
C 型截面构件拼合而成

楹架柱
由两个 C90 mm × 40 mm × 15 × 1.5
C 型截面构件拼合而成

图 4.2-84 标准构件常用尺寸　　　　　　图 4.2-85 标准构件常用拼接

木质楼面板或压型钢板等。轻钢楼盖的主梁由 C 型钢拼合，次梁和边梁分别为 C 型钢和 U 型钢（图 4.2-84、图 4.2-85）。

3）楼板面层更新修复

当保证了楼板整体性的安全之后，应对楼板的面层进行替换，哈尼传统民居传统的地板面层为木地板或土地板，为了保持风貌的统一性，替换楼板的材料采用木质楼面板、地砖楼面板或者自流平楼面板三种，均建立在新建钢筋混凝土楼板的基础上（图 4.2-86）。

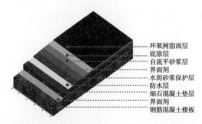

环氧树脂面层
底涂层
自流平砂浆层
界面剂
水泥砂浆保护层
防水层
细石混凝土垫层
界面剂
钢筋混凝土楼板

自流平楼板面层适合哈尼传统民居一层楼板，哈尼传统民居一层多用于牲畜饲养，自流平地面具有安全、无污染、美观、快速施工与投入使用等优点。

木地板

多层板（防火涂料）

木龙骨
界面剂
钢筋混凝土楼板

木地板面层适合哈尼传统民居二、三层楼板，哈尼传统民居二层为主人居住，木地板具有施工简单耐磨、耐热等优点。

地砖

水泥砂浆黏结层
水泥砂浆找平层
界面剂
钢筋混凝土楼板

地砖面层适合哈尼传统民居二、三层楼板，哈尼传统民居二层为主人居住，地砖面层具有耐压、耐磨、防潮等优点。

图 4.2-86 室内楼面面层设计构造

6. 门窗洞口改造与更新

哈尼传统民居的门窗洞口小而简陋，门的高度为 1.6~1.8 m，窗洞口尺寸为 300~600 mm，窗户的数量较少，室内的通风、采光条件很差。门窗洞口的过梁分为三种（图 4.2-87）：一般的民居门窗洞口上使用木过梁，有条件的民居使用土坯发券拱过梁，因门窗洞口较小也会使用条石过梁，现代建筑的哈尼民居则使用混凝土过梁。

问题：

①木过梁长期暴露在室外，已风化，强度不高；土坯过梁整体性较差；条石过梁的强度较高，但抗剪和抗拉能力都较差。②由于构造简单，传统的门窗气密性和水密性都较差。

策略：

①给出钢筋混凝土加固过梁、钢板楔加固过梁、槽钢托梁加固过梁三种构造做法；②给出石材窗套、实木窗套和塑钢窗套三种修复做法。

1）过梁的修复与加固

采取三种办法加固传统过梁：钢筋混凝土加固过梁（图 4.2-88）、钢板楔加固过梁（图 4.2-89）、槽钢托梁加固过梁（图 4.2-90）。具体做法为：对过梁进行临时支撑，凿去部分墙体，在槽钢与砌体接合面涂抹水泥胶泥，穿入螺栓拧紧，在槽钢凹陷部位外包钢丝网并涂树脂砂浆抹灰，静置后，拆除临时支撑。

木过梁 　　　　　　　石过梁 　　　　　　　土坯拱券过梁

图 4.2-87 哈尼传统民居的过梁

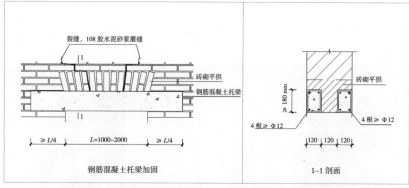

钢筋混凝土托梁加固   1-1 剖面

首先对过梁进行临时支撑，然后凿除钢筋混凝土过梁处的砌体，支模，绑扎钢筋，浇筑钢筋混凝土。当钢筋混凝土达到设计强度时，拆模，拆除临时支撑。此做法的优点为施工简单，取材方便，强度大，但是与哈尼传统民居风格不相符。

图 4.2-88 钢筋混凝土加固过梁

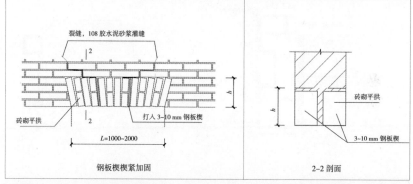

钢板楔楔紧加固   2-2 剖面

先对过梁进行临时支撑，然后凿去打楔处缝内砂浆，在墙体对应位置打入钢板楔，静止后拆除临时支撑。此做法的优点为施工简单，取材方便，加固方式较为隐形，与哈尼传统民居风格相符，但是强度略低。

图 4.2-89 钢板楔加固过梁

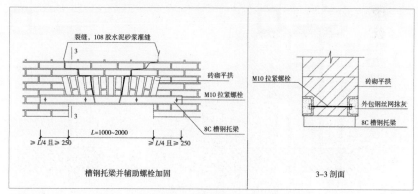

槽钢托梁并辅助螺栓加固   3-3 剖面

此做法的优点为强度大，施工时间短，对技术要求低，缺点是与哈尼传统民居风格不符。

图 4.2-90 槽钢托梁加固过梁

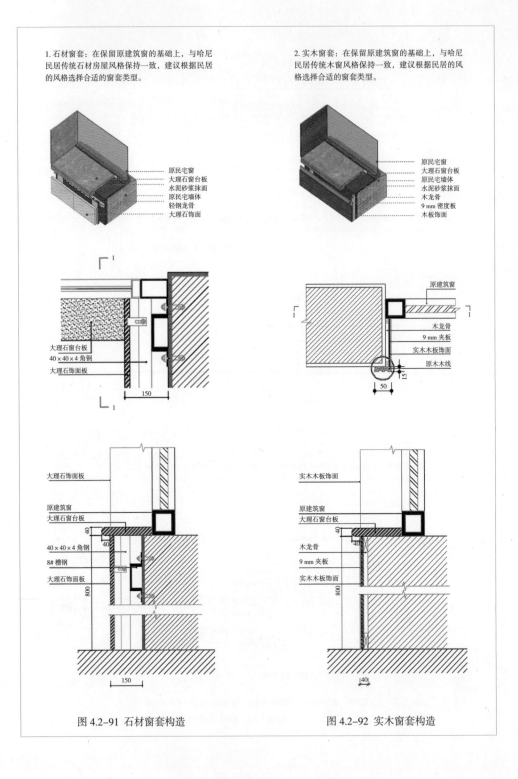

1. 石材窗套：在保留原建筑窗的基础上，与哈尼民居传统石材房屋风格保持一致，建议根据民居的风格选择合适的窗套类型。

2. 实木窗套：在保留原建筑窗的基础上，与哈尼民居传统木窗风格保持一致，建议根据民居的风格选择合适的窗套类型。

原民宅窗
大理石窗台板
水泥砂浆抹面
原民宅墙体
轻钢龙骨
大理石饰面

原民宅窗
大理石窗台板
原民宅墙体
水泥砂浆抹面
木龙骨
9 mm 密度板
木板饰面

大理石窗台板
40×40×4 角钢
大理石饰面板

原建筑窗
木龙骨
9 mm 夹板
实木木板饰面
原木木线

大理石饰面板
原建筑窗
大理石窗台板
40×40×4 角钢
8# 槽钢
大理石饰面板

实木木板饰面
原建筑窗
大理石窗台板
木龙骨
9 mm 夹板
实木木板饰面

图 4.2-91 石材窗套构造

图 4.2-92 实木窗套构造

2）窗套的修复与加固

哈尼传统民居的窗户多为木制窗，其构造简单，制作粗糙，缺少密封构造而导致漏风、进风，木材因长期暴露于室外而老化。对哈尼传统民居的窗套进行修复与更新可参照如图4.2-91~图4.2-93所示的三种方案。其中，对部分不具有保留价值的民居而言，建议更换为塑钢双层窗。塑钢双层窗具有良好的气密性、水密性和隔热保温性能，且窗户的使用寿命长。

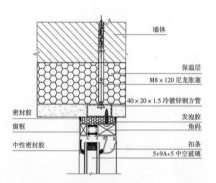

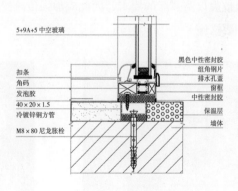

图 4.2-93 塑钢窗构造

7. 砖柱和木柱改造与更新

哈尼传统民居的木框架结构中使用的木材仅经过简单加工，一般原木从山上砍伐之后，涂一遍黑漆便用于木柱和木梁，为防潮、防湿在木柱的底部增加了柱础。民居中的砖柱用土坯砖砌筑，未做抗震考虑。

问题：

①潮气入侵导致木柱腐烂、破损。②砖柱内无钢筋，截面的抗弯能力和抗剪能力较差。

策略：

①采用新材料替换原木柱；②提出更稳固的构造方式。

如图 4.2-94~ 图 4.2-96 所示的两种做法对部分具有保留意义的柱子进行了加固。其中，当截面承载力严重不足且不允许增大截面尺寸时，适合采用外包钢加固独立柱构造；当截面抗弯和抗剪承载力严重不足时，则采用混凝土围套加固独立柱构造。

三、抗震加固措施

云南元阳地处山区，抗震设防烈度为七级，传统民居结构不能满足七级抗震设防强度的要求，因此应加强传统民居结构的整体性，增设抗震加固措施。

图 4.2-94 哈尼传统民居柱子现状

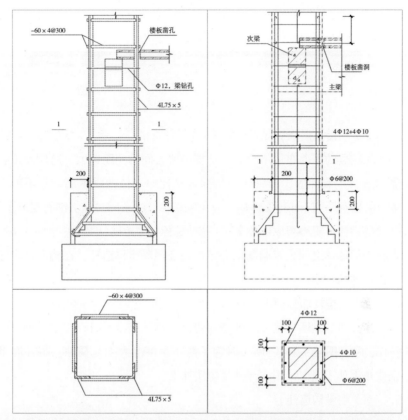

图 4.2-95 外包钢加固独立柱构造大样　图 4.2-96 混凝土围套加固独立柱构造大样

问题：

①当前传统民居结构体系无法满足实际抗震需求；②传统风貌延续的原则对抗震性能提升提出了更高的要求。

策略：

在可提升结构稳定性的部位增设抗震构造，既不破坏整体风貌，又提升抗震性能。以多依树寨 B3 传统民居为例，可采用以下四种结构整体性加固措施：增设抗震墙、加强纵横墙拉结、增设构造柱、增设圈梁等。

1）增设抗震墙

如民居的平面布局不合理、抗震横墙之间的间距过大，可增设抗震竖墙进行抗震加固，新砌砖墙的强度应比原墙体的强度高，且不低于MU10,墙身厚度不小于240 mm,应每隔0.7~1.0 mm同时现浇细石混凝土。新筑的砌体抗震墙与原墙体采用"拉结螺栓 + 构造柱"的做法（图4.3-1），先在新旧墙体之间设置与新墙等宽的现浇混凝土构造柱，在构造柱中埋设拉结螺栓。

2）钢拉杆加强横墙、纵墙

当横墙、纵墙交接处、外墙阳角部位砌筑质量差时，可采用钢拉杆拉结加强（图4.3-2），施工时为了防止湿度过大引起锈蚀，将外墙槽钢或角钢埋入墙内，用水泥砂浆填实抹平。

3）增设构造柱

增设构造柱的布局（图4.3-3）：在房屋的四角、楼梯的四角和转角处设置构造柱，在平面内应对称布置，由底层至顶层贯通，必须与圈梁或钢拉杆形成闭合系统，使其具有可靠的连接。构造柱采用的混凝土强度不低于C20，截面尺寸不小于250 mm×300 mm，外转角应使用厚度不小于200 mm、边长600 mm的L形的等边角柱。

4）增设圈梁

增设的圈梁（图4.3-4）应采用现浇混凝土浇筑，混凝土强度不低于C20，截面高度不小于180 mm，宽度不小于120 mm。低于三层的房屋，顶层可采用型钢圈梁。钢筋混凝土圈梁与墙体之间可采用混凝土销键、锚栓连接，而型钢圈梁可采用螺栓连接。内圈梁可用钢拉杆替代，当每开间均有横墙时钢拉杆应用2Φ12钢筋拉结，而当多开间有隔墙时，应采用不小于Φ13的钢拉杆用于横墙两侧。

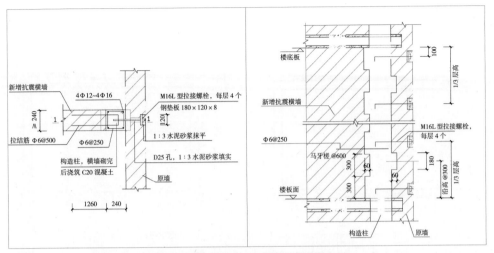

图 4.3-1 新增抗震墙与原墙的连接构造大样

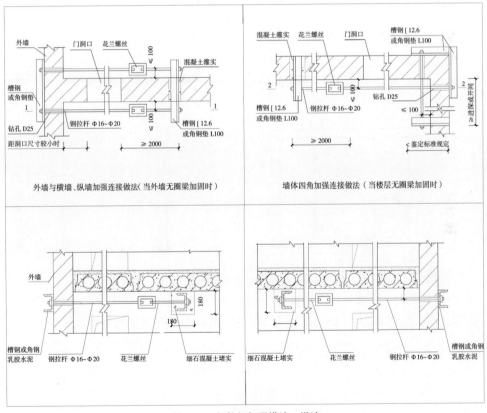

图 4.3-2 钢拉杆加强横墙、纵墙

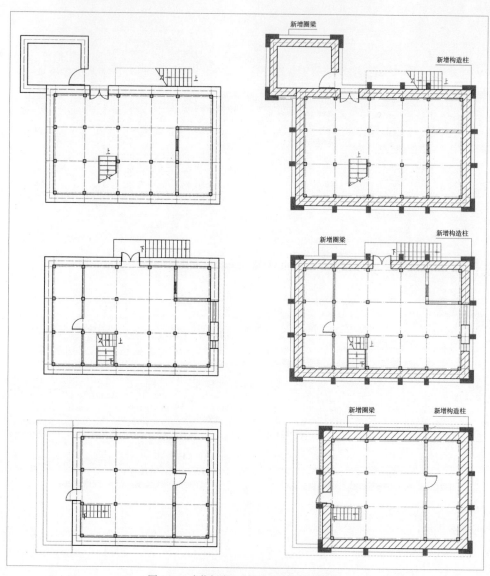

图 4.3-3 多依树寨 B2 传统民居新增构造柱

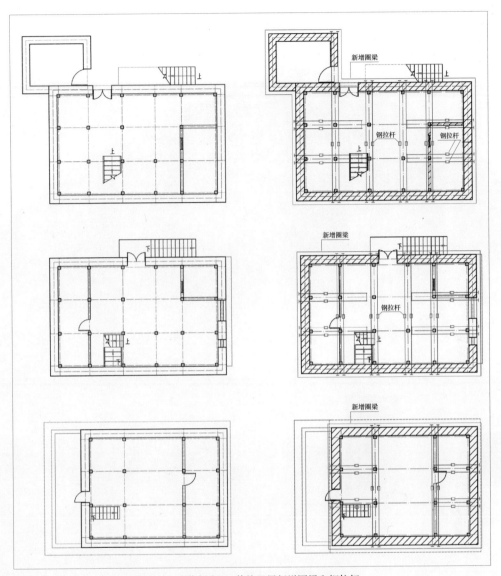

图 4.3-4 多依树寨 B2 传统民居新增圈梁和钢拉杆

第五章
新民居的设计与建造

 传统的"蘑菇房"作为元阳山地梯田地区传统文化的象征与承载要素，在建造技术不断发展、现代生活方式发生改变的背景下，已无法满足村民对居住品质的追求，生态环境的可持续性发展更为新民居的建设提出了新的要求。新民居的建造体系应延续传统"蘑菇房"风貌，遵循可持续发展的原则，为村民未来新建房屋的需求提供建造策略。

 新民居建造体系应在遵循地域文化特色的原则下，充分发挥现代建造技术的优势，因地制宜地将地域建造特点与当代建造技术相结合，形成高效、经济、易推广的建造模式。

 轻钢结构体系在哈尼"蘑菇房"的建造体系改造提升中具有广泛的适应性。本章探讨了在解放结构体系的背景下，应用轻钢结构体系对传统民居宅型进行深化设计，并基于前文提出的更新策略，对传统民居的更新以及对新民居的建造进行了具有操作性的案例示范。

一、轻钢结构新民居体系设计

1. 结构体系设计

1）标准构件选型和组合

轻钢材料一般指薄壁冷弯型钢，其厚度约为 0.46~2.46 mm。轻钢构件的截面形状有 C 型、U 型、L 型等，其中 C 型截面轻钢构件常用作梁柱等承重构件，U 型截面轻钢构件常用作顶梁、底梁和边梁，L 型截面轻钢构件常用作连接件或过梁（表 5.1–1、表 5.1–2）。哈尼轻钢结构新民居结构体系选用拼合梁、柱的标准型钢构件截面尺寸如图 5.1–1 所示。

将标准型钢构件进行组合，构成哈尼轻钢结构新民居结构体系中的梁、柱构件（图 5.1–2）。相对于传统轻钢结构，拼合轻钢构件不仅具有轻钢构件单元壁厚更厚的优点，而且组合的梁、柱截面尺寸也更大，极大地增强了其承载力。

结构体系中，榀架柱、外墙柱次柱和角柱的设计要求如下。

榀架柱：由两个截面尺寸为 90 mm × 40 mm × 15 mm × 2 mm 的 C 型轻钢构件背对背拼接，中间预留主梁 80 mm 的宽度，并用 2 mm 厚薄钢板通过自攻螺钉的方式固定两个 C 型钢的翼板。这种方法扩大了柱的截面面积，增强了主柱的强度和抗剪能力。

外墙柱次柱：由两个截面尺寸为 90 mm × 40 mm × 15 mm × 2 mm 的 C 型轻钢构件槽口正对拼接，同样用 2 mm 厚薄钢板通过自攻螺钉的方式固定。

角柱：角柱相对截面面积最大，组合了进深方向的榀架柱和面宽方向的外墙柱次柱，并在两者的交角处增加 90 mm × 40 mm × 15 mm × 2 mm 的 C 型钢构件。

哈尼轻钢结构新民居的结构体系选择强柱弱梁的方式，因此对梁的构件组合要求相对简单，梁的截面尺寸也可以较小。

主梁：做法与次柱相同，水平搭接放置。

次梁：采用单独的 90 mm × 40 mm × 15 mm × 2 mm C 型轻钢构件。

边梁、顶梁、底梁：采用单独的 94 mm × 35 mm × 2 mm U 型轻钢构件。

表 5.1-1　镀锌薄壁冷弯轻型钢构件规格

构件型号	腹板高度（mm）	翼缘宽度（mm）
U90×35×厚度	90	35
U140×35×厚度	140	35
U205×35×厚度	205	35
U225×35×厚度	225	35
U305×35×厚度	305	35
U155×40×厚度	155	40
U205×40×厚度	205	40
U255×40×厚度	255	40
C90×40×卷边宽度×厚度	90	40
C140×40×卷边宽度×厚度	140	40
C205×40×卷边宽度×厚度	205	40
C255×40×卷边宽度×厚度	255	40
C305×40×卷边宽度×厚度	305	40

来源：《低层轻型钢结构装配式住宅技术要求》

表 5.1-2　卷边的最小宽度

翼缘宽厚比	20	30	40	50	60
卷边的最小宽度（厚度为 t）	$6.3t$	$8t$	$9t$	$10t$	$11t$

来源：《低层轻型钢结构装配式住宅技术要求》

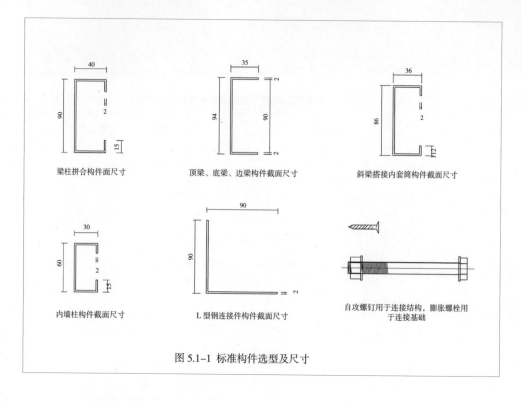

图 5.1-1 标准构件选型及尺寸

2）节点交接处理

结构节点的交接方式移植了穿斗结构的方法。

梁柱：采用梁穿柱／柱夹梁的搭接方式，并用自攻螺钉和螺栓固定。梁穿柱的搭接方式相对于柱穿梁的搭接方式更符合结构力学中的强柱弱梁原理（图 5.1-3）。

边梁：采用截面尺寸为 94 mm×35 mm×2 mm 的 U 型轻钢构件，对楼地面次梁、屋顶斜梁的端部做收边处理（图 5.1-4）。

屋顶主梁与斜梁：交接方式比较简单，通过角钢和自攻螺钉连接固定（图 5.1-5）。

由于矩形结构体系中的四角采用铰接点，易错位变形，因此在榀架的两端增加斜撑，形成三角形结构，增强榀架的整体受力刚度和结构稳定性，降低榀架梁柱的错位变形。在外墙柱靠近建筑角部的部位也设置斜撑，提高整体结构刚度和抗剪力（图 5.1-6），斜撑通过螺栓与梁连接固定。

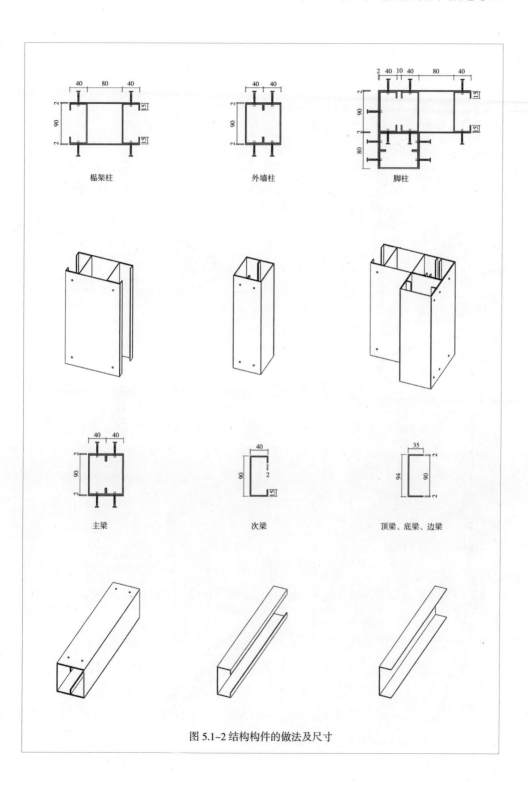

图 5.1-2 结构构件的做法及尺寸

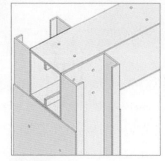

图 5.1-3 梁穿柱 / 柱夹梁的搭接方式

图 5.1-4 边梁的收边处理

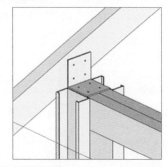

图 5.1-5 屋顶主梁与斜梁的连接

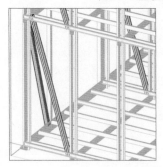

图 5.1-6 楼面主梁与斜梁的连接

3）整体结构骨架

采用轻钢结构体系的房屋自重小，具有较强的整体受力性能，基础埋深也比较浅，轻钢结构骨架可通过高强螺栓与埋入基础的地圈梁连接。

考虑到延续地域性和控制建造成本，基础部分的材料可选用毛石、混凝土，辅以水泥砂浆、石灰、黄泥等。图 5.1-7~ 图 5.1-10 给出毛石基础和混凝土基础的设计和做法。基础形式可根据地形和结构受力情况，主要采用条形基础，局部可采用独立基础（图 5.1-11）。

轻钢结构体系借鉴了传统穿斗结构的原理，形成间架的结构空间形式，其以榀架为基础单元，通过横梁穿过榀架柱将构架串联成一个整体。

哈尼传统民居轻钢结构体系设计中，榀架柱所用的轻钢构件壁较厚，其截面由两个 C 型钢构件组合而成，榀架柱的间距为 1200 mm，一、二层的两端设置斜撑。外墙柱由两个 C 型钢构件背对背拼合而成，将 C 型槽口焊接在一起形成方柱，其间距为 1200 mm，角部位置增加斜撑。通过控制单元柱的截面尺寸确保其竖向荷载的承载能力，通过在角部增加斜撑和设置楼板拉杆增强其横向荷载的承载能力。

标准构件拼合采用自攻螺钉连接，梁柱和基础的交接采用螺栓连接，最终形成的轻钢结构骨架如图 5.1-12 所示。

2. 围护系统设计

1）不同材料的选择

元阳哈尼传统民居的外墙采用生土、石材、木材、竹、石灰、稻草、藤条等当地建筑材料。传统民居外墙常采用土坯砖墙、石墙或夯土墙，新建房屋的墙体大多采用红砖砌筑，也有石砌墙体。

新建房屋的墙体有 5 种基本做法：①直接采用红砖，无外饰面材料；②在红砖表面贴瓷砖；③在红砖表面用水泥砂浆找平，再涂刷黄泥浆并勾勒砖缝，为仿传统土坯砖的做法；④采用喷枪喷涂技术在红砖墙表面喷涂黄泥，或者在石砌墙表面喷涂黄泥；⑤红砖与石头结合砌筑（图 5.1-13）。

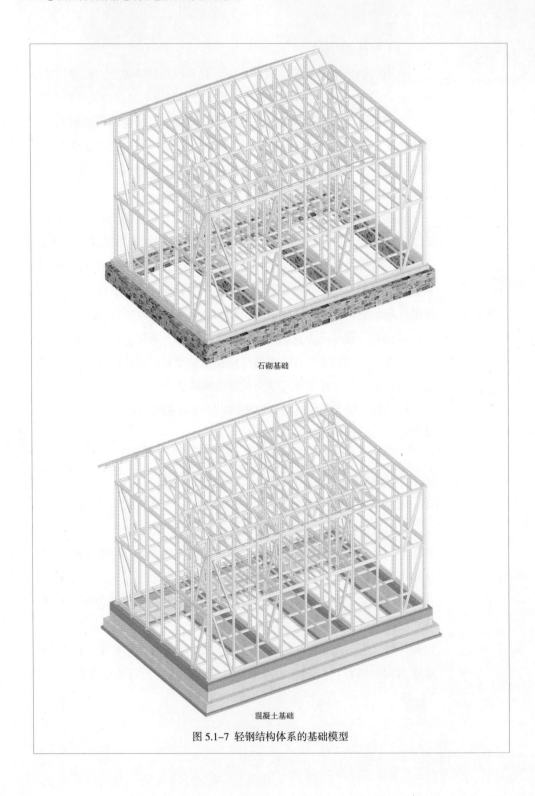

石砌基础

混凝土基础

图 5.1-7 轻钢结构体系的基础模型

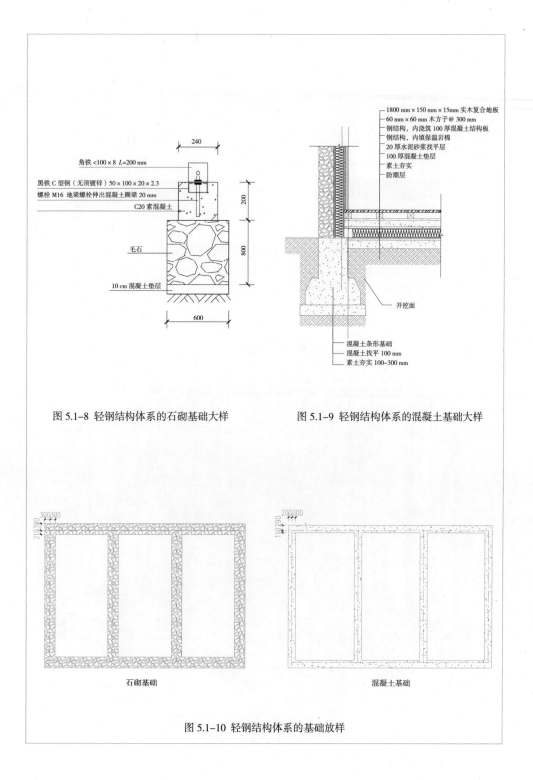

角铁 <100 × 8 L=200 mm

黑铁 C 型钢（无须镀锌）50 × 100 × 20 × 2.3
螺栓 M16 地梁螺栓伸出混凝土圈梁 20 mm
C20 素混凝土

毛石

10 cm 混凝土垫层

240

200

800

600

1800 mm×150 mm×15mm 实木复合地板
60 mm×60 mm 木方子 @ 300 mm
钢结构，内浇筑 100 厚混凝土结构板
钢结构，内填保温岩棉
20 厚水泥砂浆找平层
100 厚混凝土垫层
素土夯实
防潮层

开挖面

混凝土条形基础
混凝土找平 100 mm
素土夯实 100~300 mm

图 5.1-8 轻钢结构体系的石砌基础大样

图 5.1-9 轻钢结构体系的混凝土基础大样

300 300

210 390

石砌基础

200 200

110 290

混凝土基础

图 5.1-10 轻钢结构体系的基础放样

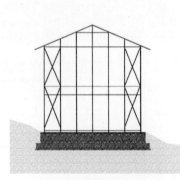
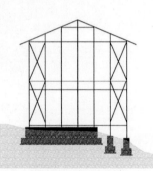

条形基础 　　　　　　　　　　　　　　　　条形基础与独立基础的组合

图 5.1-11　轻钢结构体系的条形基础和独立基础

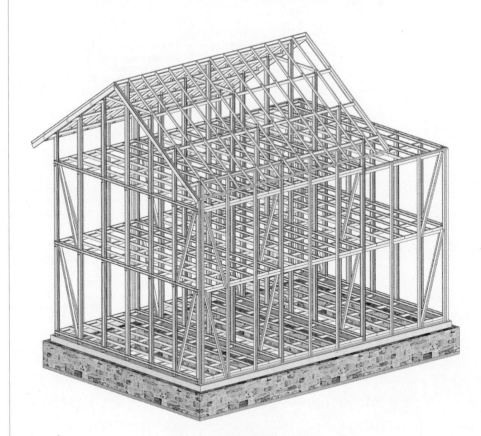

图 5.1-12　轻钢骨架结构设计模型

图 5.1–13 哈尼传统民居与现代民居的墙体材料

目前，国内轻钢结构房屋的墙体材料主要采用加气混凝土砌块、墙板等，对于大部分乡村地区来说这些材料的运输成本过高，而传统建筑材料可就地取材，且村民对传统墙体的建造技艺更为熟悉，因此，结合当地建筑材料与构造方法，不仅可节约成本，且富有地方特色。

也可采用造价低廉且环保的新型乡土材料，如秸秆人造板、稻草板、秸秆石膏渣空心砌块等。在生产上，形成批量预购、统一生产的管理模式，以降低物流成本；在安装施工上，村民根据供应商提供的技术指导手册，自主进行安装施工。

2）不同墙体的构造方式

考虑到轻钢结构体系与地方建筑材料的具体情况，墙体材料可以从毛石、泥土、土坯砖、烧结砖、木材、板材、混凝土、加气混凝土砌块等材料中进行选择。轻钢结构体系具有开放性建造系统的特征，其构造方式主要有湿式构造和干式构造两种。

（1）湿式构造

湿式构造将材料本身作为蓄热体，有加强外墙体隔热、保温性能的巨大优势。湿式构造分为砌筑式和非砌筑式两种，可结合使用当地的土、毛石、砖、木、竹、草等材料，也可采用加气混凝土、空心砖等现代材料进行设计。

①砌筑式（图5.1-14、图5.1-15）

在砌筑砌体墙时，为增强毛石、砖、加气混凝土砌块等建筑材料与轻钢柱的黏结度，需用细铁丝网包裹钢柱，在其内填细石混凝土。砌筑砌块时，黏结材料可用水泥或石灰代替传统的黄泥，同时在墙体内部配置一定数量的拉结筋，以增强墙体的连接度和整体性。

石砌墙体由本身较厚，且外观具有饰面材料的观赏性，因此可不设外饰面层；红砖可根据砌筑工艺增加外饰面层，如喷涂黄泥浆等，也可勾砖缝而不做外饰面粉刷，发挥清水砖墙的装饰性作用；轻质加气混凝土砌块砌筑方法与烧结红砖类似。

②非砌筑式（图5.1-16）

非砌块类的湿式构造利用了填塞、夯实或浇筑的方式，其做法为：先用自攻螺丝将免拆钢模网固定在轻钢立柱和外墙龙骨的两侧，然后将泥土、混凝土或混泥土等材料之一填塞其中即可。这种做法具有操作简单的优势，且免拆钢模网表面的冲孔可与填塞材料很好地黏合。采用这种做法时，钢柱同样需加设细铁丝网，并浇筑混凝土。

混泥土墙体与混凝土墙体的构造原理相似。混泥土墙体的做法为：在泥土中加入稻草、秸秆等材料，以稻草、秸秆为筋，以黄泥为骨料。混入稻草、秸秆的混泥土墙体可以起到保温、隔热的作用，因此不必另做保温层，其厚度约220 mm。混凝土墙体浇筑厚度为100 mm，再铺设20 mm厚的石灰砂浆外饰面层，室内先用石灰砂浆抹平，另涂刷20 mm厚的抹灰砂浆饰面。泥土是哈尼传统民居的主要墙体材料，其可就地取材，造价低，而通过加设免拆钢模网、内填混泥土的方式，可以很好地解决泥土墙体容易开裂甚至坍塌的问题。

混泥土墙体的另一种做法是采用模块化夯筑的方式，模块的间距根据外墙的龙骨间距设置。龙骨可选用轻钢龙骨，也可以选用木龙骨，龙

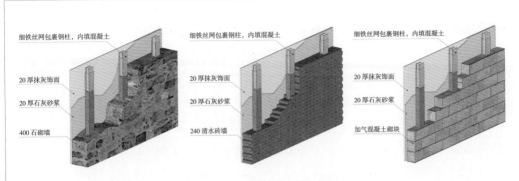

图 5.1-14　直接砌筑的砌体墙

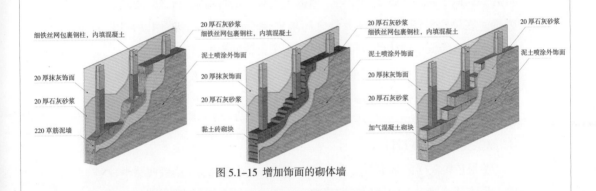

图 5.1-15　增加饰面的砌体墙

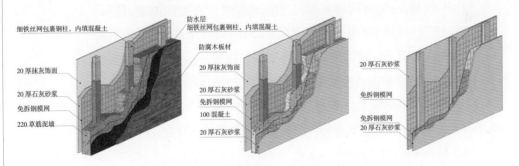

图 5.1-16　加设免拆钢模网、内填建筑材料的墙体

来源：高翔，霍晓卫，陆祥宇.哈尼族住宅研究：以云南省红河州元阳县全福庄为例[M].// 中国建筑史论汇刊：第陆辑 . 北京：中国建筑工业出版社，2012.

骨的间距一般为 400~600 mm，不宜过长，尺寸过长容易坍塌。采用模块化建造的混泥土墙体，可分段拆除、更换，因此提高了墙体的耐久性。同时，可对生土材料做改进设计，如调配适宜的颗粒物配比以增加土质的密实度，掺入骨料以增加强度，掺入活性掺和剂以提高耐久性。

构造层上采取了"骨加皮"的构造策略，先架龙骨（比较密的外墙柱），再将填充土坯通过自攻螺钉固定于龙骨之间。面层和其他构造层根据具体需求依次添加，如添加防水层、外饰面砖、抹灰饰面等（图 5.1-17）。

（2）干式构造

干式构造采用"皮包骨"的构造策略，设置内外双层夹板，从而提高墙体的热工性能。借鉴新芽轻钢系统，双面 OSB 板的夹芯复合墙体可起到类似于墙体加强板的作用，增强轻钢骨架的抗剪强度；热工性能方面，在轻钢外墙柱或墙体龙骨之间填充保温材料，龙骨外侧以 OSB 板覆盖，可降低了墙体的冷桥作用，提高了墙体的保温、隔热性能；在外饰面材料方面，可选择当地的饰面材料，如石材、面砖、黏土、木板等，也可选用新型板材或粉刷喷涂等面层（图 5.1-18）。

3. 原型及拓展类型设计

哈尼传统民居的基本形制为：土坯砖房或土石结合房，高度两层半，第三层有屋顶晒台，阁楼用于储藏粮食，两坡石棉瓦屋顶或四坡茅草屋顶，首层饲养牲畜，设置了直通二层的室外楼梯和平台。

可以哈尼传统民居的基本形制以母体，根据所处的地形、地貌、朝向、出入口位置等，在建筑的正面、背面以及山墙面加建构筑物，并根据家庭人口规模扩建耳房，形成相类似但不完全相同的一系列民居演变类型（图 5.1-19）。将元阳山地梯田地区哈尼传统民居的基本形制作为依托，结合当代生活方式的需求，遵循可持续性发展的原则，以现代化居住模式的改进为目的，进行新民居的原型设计和拓展户型的设计。

1）基本原型设计

功能：哈尼传统民居为人畜混合居住模式，民居底层做牲畜房，二层为起居空间，三层阁楼层用于储藏和晒台。这种人畜混居的模式已不适用于当代生活需求，亟须进行现代化功能的植入与更新。

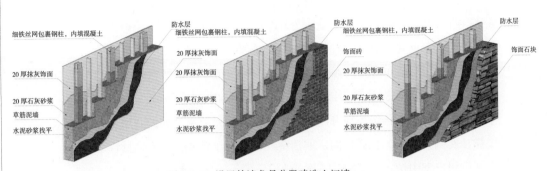

图 5.1-17 设置外墙龙骨分段建造土坯墙

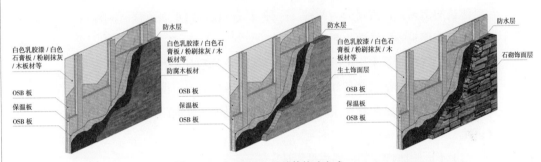

图 5.1-18 "皮包骨"的墙体构造方式

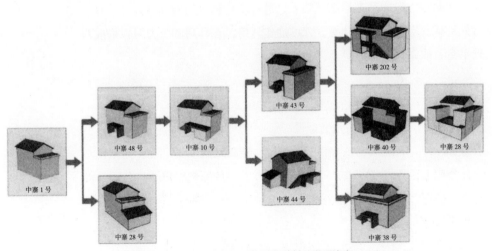

图 5.1-19 哈尼传统民居的基本形制及类型演变

来源：高翔，霍晓卫，陆祥宇.哈尼族住宅研究：以云南省红河州元阳县全福庄为例[M].//中国建筑史论汇刊：第陆辑.北京：中国建筑工业出版社，2012.

首先进行民居的人畜分离设计，加高首层层高，改做居住功能，扩大居住建筑使用面积。其次重新划分功能空间。哈尼传统民居一般为四开间，有的开间更多，各层柱网存在减柱或者不对位情况，开间方向的柱网较密，二层的四角放置床榻即作为卧室空间。为增加空间的灵活性，扩大房间面积，将平面改成三开间，以 3600 mm 或 3300 mm 为一个开间模数，大于传统民居开间尺寸。中间开间做公共性质的起居室和楼梯，两侧开间做各功能房间。取消室外楼梯，于首层设置室内楼梯。在新民居户型中植入卫生间，提升当地村民的人居环境水平（表 5.1-3、图 5.1-20、图 5.1-21）。

建筑的出入口设置可分为两种，一种设置于建筑的正面或背面，另一种设置在建筑的山墙面（图 5.1-22）。

结构：结构体系采用轻钢结构体系，基础采用毛石基础和混凝土基础。其基本原型的结构骨架和形体基本一致，不受出入口设置的限制。榀架柱与外墙柱的柱距均采用 1200 mm 的模数设计，立面门窗按柱网尺寸确定，以夹于两根柱子之间固定。

2）不同附属构架的拓展类型设计

依据元阳山地梯田地区哈尼传统民居的测绘图纸和使用方式的认知，在两种入口的基本形制基础上，进行入口构筑物的加建设计，在入口处形成灰空间和雨篷功能，并可加建耳房，在耳房的上方可以形成户外平台，或做二层的耳房。

表 5.1-3 传统民居与新民居功能对比

民居类型		传统民居	新民居
模式		人畜混居	人畜分离
开间		四开间及以上	三开间，扩大房间面积
功能	一层	牲畜房、储藏	餐饮、居住、卫生间
	二层	居住	居住、晒台
	三层	储藏、晒台	居住
总结		面积较小，卫生条件较差，不利于人居环境提升	扩大居住空间面积，提升住宅人居环境

来源：《哈尼住宅研究：以云南省红河州元阳县全福庄为例》

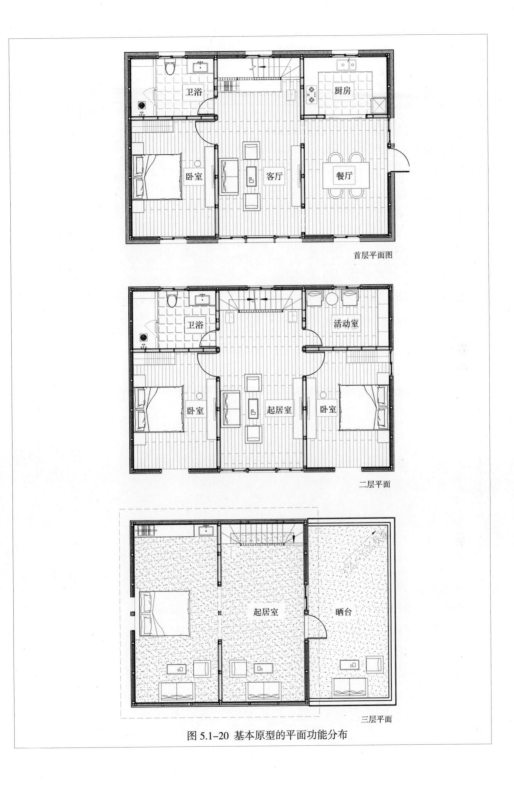

图 5.1-20 基本原型的平面功能分布

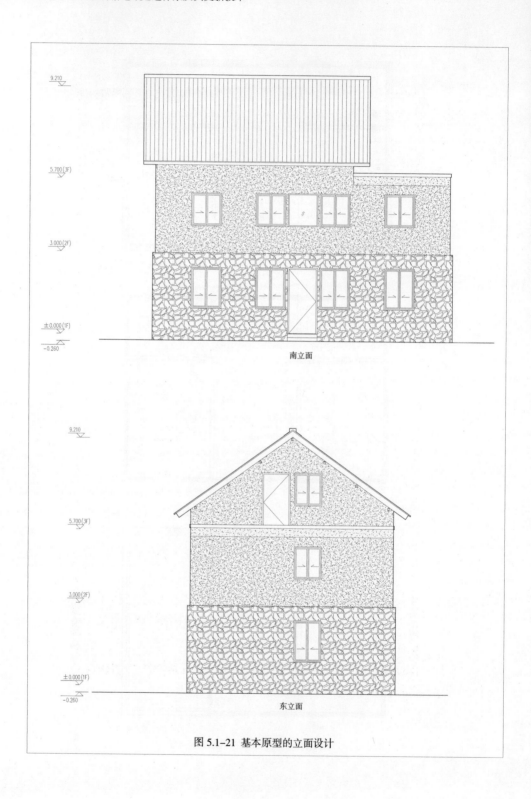

图 5.1-21 基本原型的立面设计

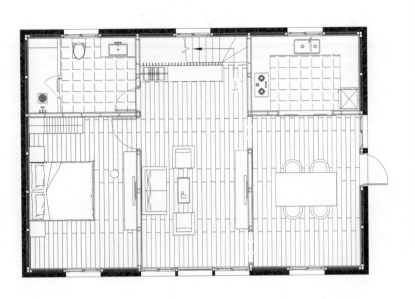

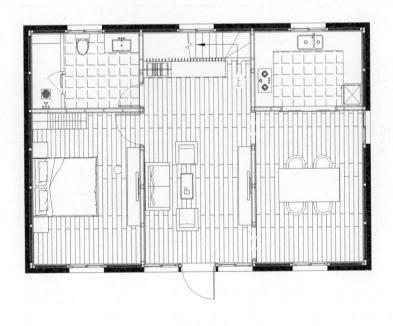

图 5.1-22　基本原型的出入口设计

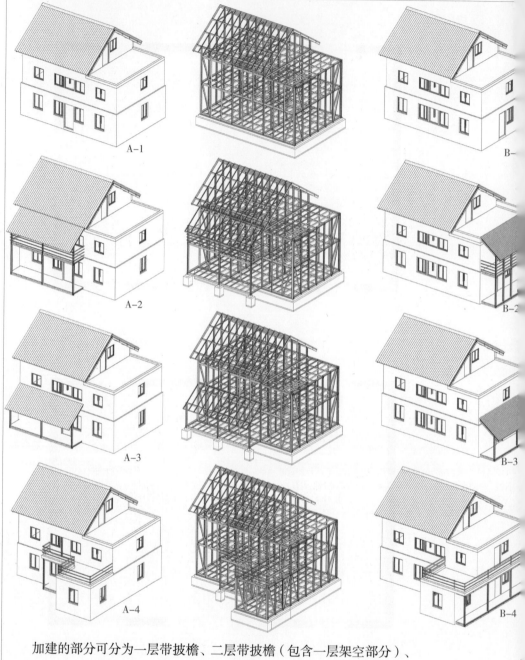

加建的部分可分为一层带披檐、二层带披檐（包含一层架空部分）、
二层阳台挑出带披檐（不包含一层架空部分）、一层耳房、二层耳房等
方式。因此，形成了 12 种拓展类型（图 5.1-23）。

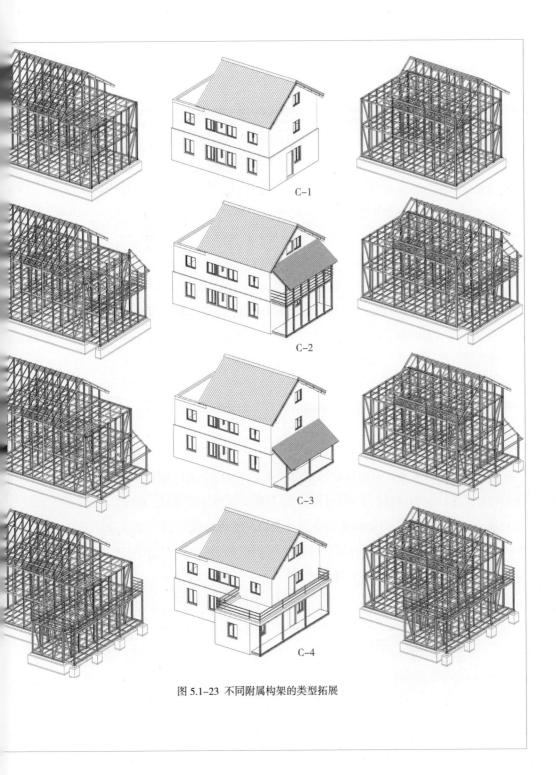

C-1

C-2

C-3

C-4

图 5.1-23 不同附属构架的类型拓展

　　须注意的是，加建构筑物的结构骨架应与主体结构骨架保持方向一致，以增强结构的整体性和减少浪费钢构件。室外平台做降板处理，以便于在平台处做防水和排水（图 5.1-24）。

　　3）不同屋顶的拓展类型设计

　　元阳哈尼传统民居的屋顶类型分为两种：两坡石棉瓦屋顶和茅草顶。两坡石棉瓦屋顶于当地政府主导的"铲茅工程"之后形成，茅草顶是极具传统哈尼族民族特色的屋顶。其中，茅草顶又可根据屋顶平台的设置、阁楼层高度以及住户的具体需求和做法选择不同的屋顶形式，包括四坡、四坡顶部做单边切角、四坡顶部做双边切角等几何形式。如图 5.1-25所示，根据当地不同的坡屋顶形制，设计了不同的屋顶类型供选择。

　　4）不同立面划分的拓展类型设计

　　元阳哈尼传统民居的立面呈现明显的分段式划分，这与其分层建造方式有关。按材料和所占屋身的比例，可将立面划分为墙基、首层 / 二层 / 阁楼层、屋顶三段，或首层、二层 / 阁楼层、屋顶三段，有的民居的阁楼层单独采用木、竹等轻质墙体材料。如图 5.1-26 所示，以外墙材料下重上轻为原则，根据所占立面比例的不同，提出了四种主要立面占比类型。

　　5）不同墙体材料的拓展类型设计

　　在建筑外墙体方面，可根据材料和构造方式的不同，进行外立面的类型设计，不同层的材料以下重上轻为主导原则，进行分段分配。也可选择同一种立面材料，但勒脚处须选择防潮材料或做防潮处理。如图 5.1-27 所示，根据围护系统墙体设计的修复性建议，结合立面划分原则，提出了几种墙体材料拓展设计类型供选择。

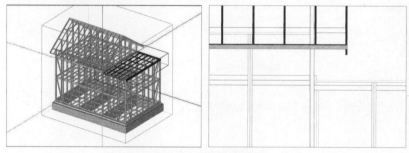

图 5.1-24 平台处的降板处理

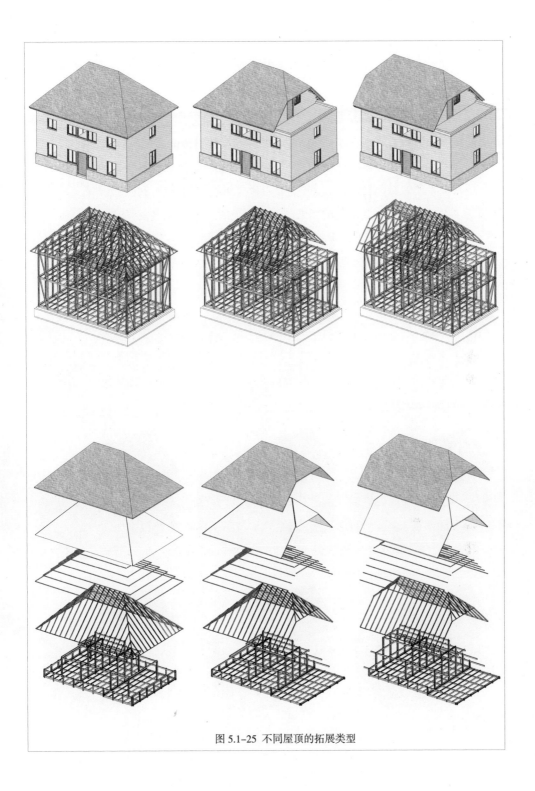

图 5.1-25　不同屋顶的拓展类型

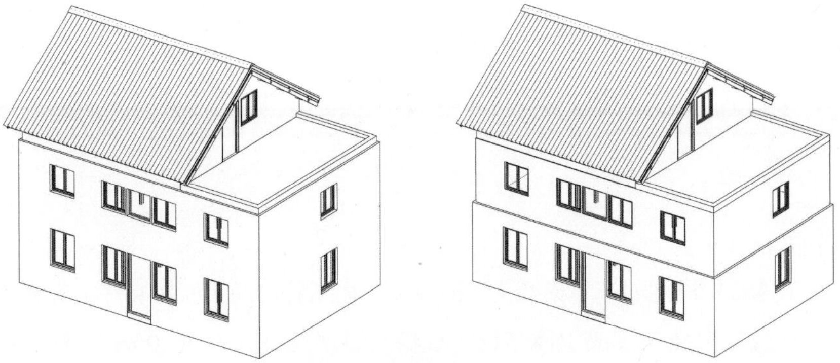

图 5.1-26 不同立面的划分类型

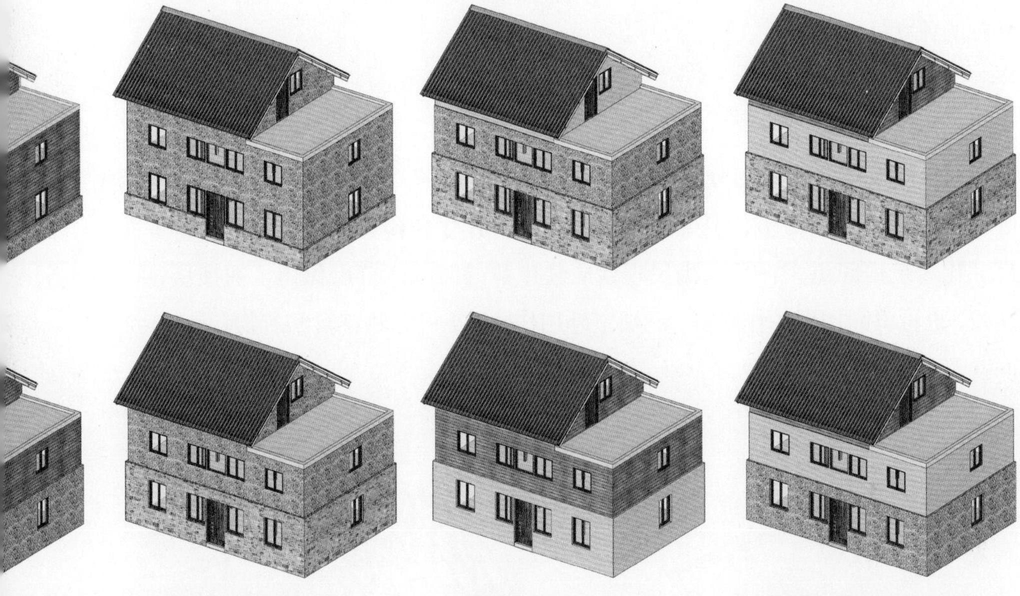

图 5.1-27 不同墙体材料的类型拓展

二、传统宅型深化设计

对多依树寨 A2 传统民居进行新民居户型拓展研究，采用"皮包骨"的构造方式做深化设计，添加二层阳台和披檐的附属构架，立面划分为上泥土面层、下砌石面层（图 5.2-1）。

1. 结构

建筑主体结构柱网的基本模数为 1200 mm，榀架柱由两个次梁夹住加螺栓固定，通过主梁穿过榀架柱连接成主体结构，每榀架间距的模数为 3600 mm，外墙柱间距为 1200 mm，截面为两个 90 mm × 40 mm × 15 mm × 2 mm 的 C 型钢构件背对背拼接。在建筑的四角加斜撑固定，抵抗水平荷载。阳台挑出 1800 mm，由较密的次梁悬挑和外廊的独立柱共同承重。

2. 平面

平面尺度按功能需求划分为 4800 mm 和 2400 mm 两个房间轴网模数，大房间用作卧室，小房间用作厨房、卫生间等辅助功能。客厅和楼梯位于中间开间，平面功能尺寸比传统房间更大，可以满足现代居住生活的需求。三层保留了阁楼层，可用于储藏，也可将阁楼层用作卧室，三层室外用作晒台，可晾晒粮食和衣物（图 5.2-2）。

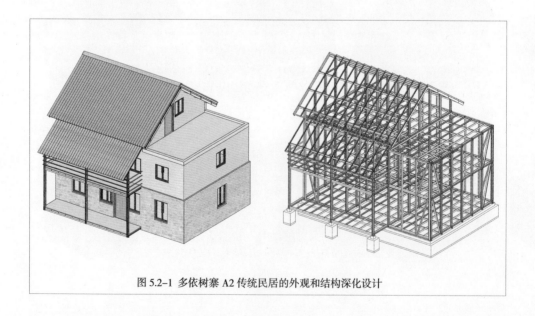

图 5.2-1 多依树寨 A2 传统民居的外观和结构深化设计

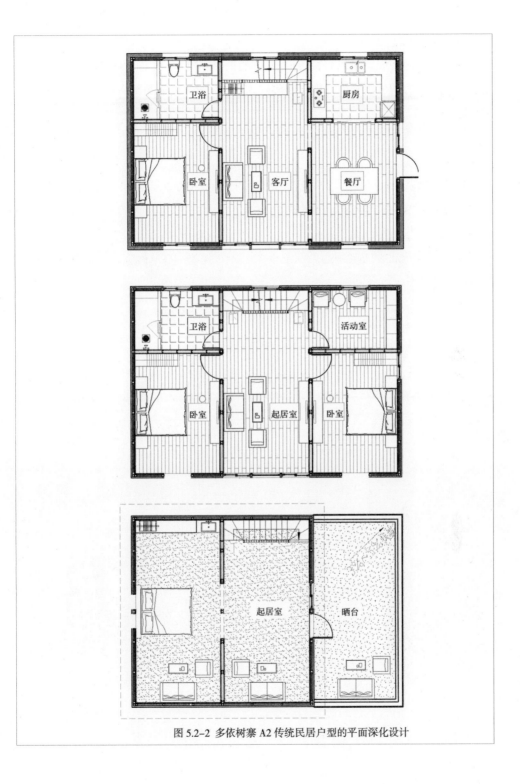

图 5.2-2 多依树寨 A2 传统民居户型的平面深化设计

3. 材料

　　为延续当地传统建筑风貌，遵循因地制宜、地域材料优先的原则，选用了上土下石的外墙饰面材料以及两段式立面划分方式（图 5.2-3）。

图 5.2-3　多依树寨 A2 传统民居的立面划分及材料选取

4. 构造

墙体：采用夹芯构造方式，双面 OSB 板的夹芯复合墙体可起到类似于墙体加强板的作用，增强轻钢骨架的抗剪强度。

保温隔热层：在轻钢外墙柱或墙体龙骨之间填充保温材料，龙骨外侧贴 OSB 板，降低墙体的冷桥作用，提高墙体的保温隔热性能（图 5.2-4）。

基础：选用毛石基础，根据主体的榀架结构，主体采用条形基础，局部采用独立基础（图 5.2-5、图 5.2-6）。

楼地面：首层地面和二层楼板采用实木复合地板，木地板的规格为 1800 mm×150 mm×15 mm，木地板下方采用 60 mm×60 mm 的木方格龙骨支撑，间距为 300 mm，架于次梁上方。三楼平台楼面考虑防水和排水需要，铺设沥青防水卷材防水层，面层用水泥砂浆找平，构造找坡为 1%（图 5.2-7）。三层平台做降板处理，以利于排水。平台处做防水，女儿墙做金属盖板，下沿设置金属落水管（图 5.2-8）。

屋面：采用金属波浪板屋面材料，钢制屋脊（图 5.2-9）。用发泡铝箔铺设于保温面板表面，隔绝表面水汽，提高隔热性能。檐口处用 200 mm×15 mm 厚的实木封檐板包裹构造层和边梁等构件。

阳台：阳台上方增设披檐，可不考虑大量的排水需求，不做降板处理，直接采用悬挑的方式。考虑到室外面层应低于室内面层，阳台面层材料采用水泥浇筑和打磨，其面层低于室内采用的 50 mm×50 mm 木方格加上 15 cm 厚木地板的面层构造，过门石和门槛高差的交接处用混凝土抹出泄水。栏杆采用 L 型钢构件，用螺钉固定于主体构件之上。

三、传统民居更新与改造设计

对多依树寨 A3 传统民居进行了更新与改造设计，作为传统民居整体性改造更新的设计范例。

多依树寨 A3 传统民居为两层半形制，由木框架结构与外墙共同承重，两坡石棉瓦屋顶，有一层的耳房。一层的墙体采用石墙，二、三层的墙体采用土坯砖墙。顶层有晾晒平台，二层有室外楼梯和耳房的屋顶平台（图 5.3-1）。

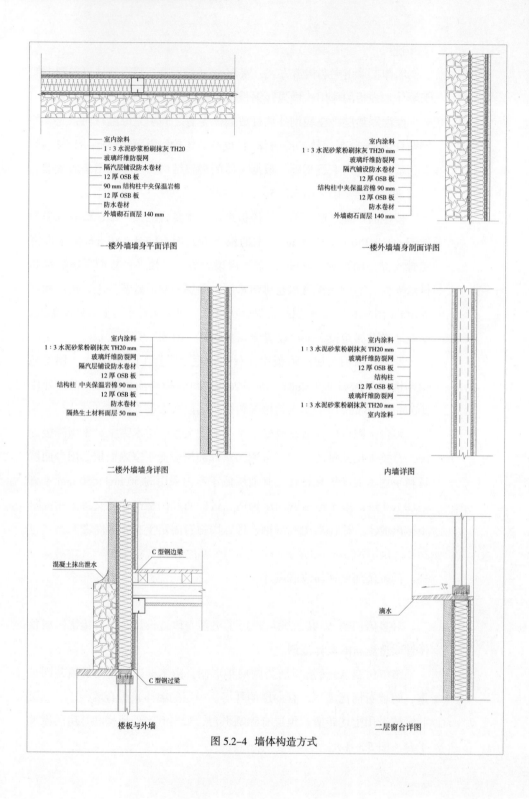

室内涂料
1:3 水泥砂浆粉刷抹灰 TH20
玻璃纤维防裂网
隔汽层铺设防水卷材
12 厚 OSB 板
90 mm 结构柱中夹保温岩棉
12 厚 OSB 板
防水卷材
外墙砌石面层 140 mm

一楼外墙墙身平面详图

室内涂料
1:3 水泥砂浆粉刷抹灰 TH20 mm
玻璃纤维防裂网
隔汽层铺设防水卷材
12 厚 OSB 板
结构柱中夹保温岩棉 90 mm
12 厚 OSB 板
防水卷材
外墙砌石面层 140 mm

一楼外墙墙身剖面详图

室内涂料
1:3 水泥砂浆粉刷抹灰 TH20 mm
玻璃纤维防裂网
隔汽层铺设防水卷材
12 厚 OSB 板
结构柱 中夹保温岩棉 90 mm
12 厚 OSB 板
防水卷材
隔热生土材料面层 50 mm

二楼外墙墙身详图

室内涂料
1:3 水泥砂浆粉刷抹灰 TH20 mm
玻璃纤维防裂网
12 厚 OSB 板
结构柱
12 厚 OSB 板
玻璃纤维防裂网
1:3 水泥砂浆粉刷抹灰 TH20 mm
室内涂料

内墙详图

混凝土抹出泄水
C 型钢边梁

C 型钢过梁

楼板与外墙

3%
滴水

二层窗台详图

图 5.2-4 墙体构造方式

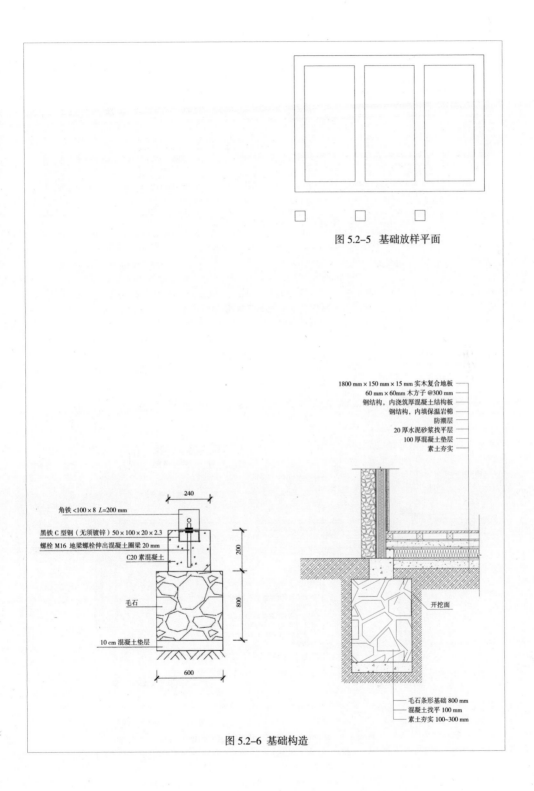

图 5.2-5　基础放样平面

图 5.2-6　基础构造

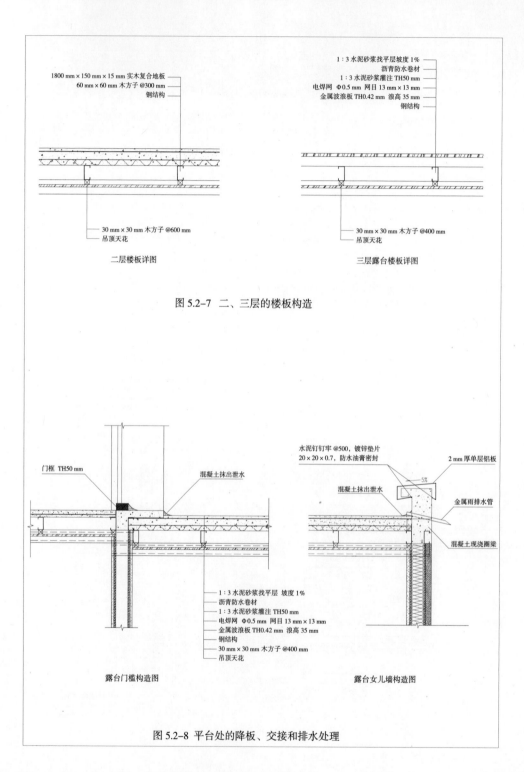

图 5.2-7 二、三层的楼板构造

图 5.2-8 平台处的降板、交接和排水处理

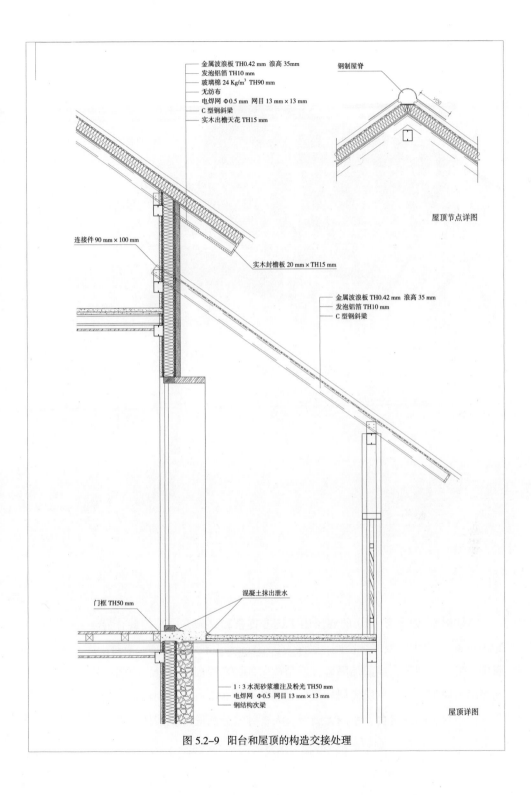

金属波浪板 TH0.42 mm 浪高 35mm
发泡铝箔 TH10 mm
玻璃棉 24 Kg/m³ TH90 mm
无纺布
电焊网 Φ0.5 mm 网目 13 mm×13 mm
C 型钢斜梁
实木出檐天花 TH15 mm

钢制屋脊

屋顶节点详图

连接件 90 mm×100 mm

实木封檐板 20 mm×TH15 mm

金属波浪板 TH0.42 mm 浪高 35mm
发泡铝箔 TH10 mm
C 型钢斜梁

门框 TH50 mm

混凝土抹出泄水

1：3 水泥砂浆灌注及粉光 TH50 mm
电焊网 Φ0.5 mm 网目 13 mm×13 mm
钢结构次梁

屋顶详图

图 5.2-9 阳台和屋顶的构造交接处理

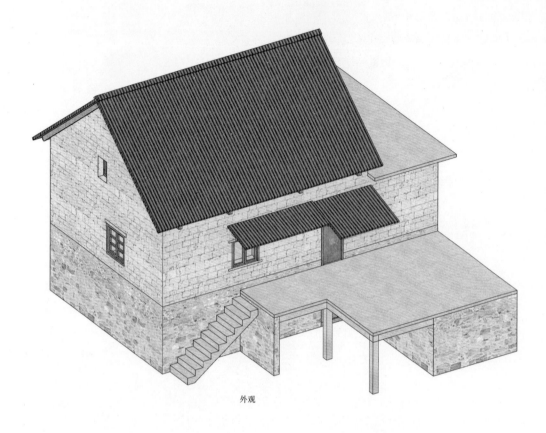

外观

多依树寨 A3 传统民居的底层用于饲养牲畜和储藏，层高较低，为
2020 mm；二层为主要居住空间，层高为 2520 mm，功能包括堂屋、餐厅、
厨房、祭祀空间等，局部加隔墙，四角放床加局部隔断划分卧室空间；
阁楼层为局部三层，三层面层到屋脊底部净高为 3410 mm，用作临时储
藏三楼平台晾晒的粮食。室内无厕所。人畜并未分离的传统居住模式卫
生条件较差，不适合现代居住功能需求（表 5.3-1、图 5.3-2、图 5.3-3）。

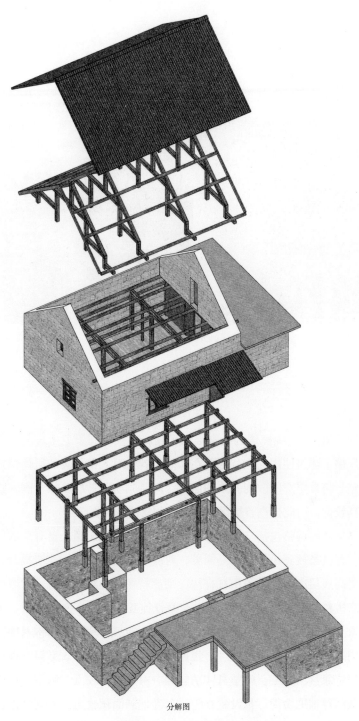

分解图

图 5.3-1 多依树寨 A3 传统民居外观和分解图

表 5.3-1 A3 传统民居功能特点

模式		人畜混居
功能	一层：层高 2020 mm	牲畜养殖及储藏
	二层：层高 2520 mm	居住（堂屋、餐厅、厨房、祭祀空间等）
	三层：层高 3410 mm	储藏、晾晒

图 5.3-2 多依树寨 A3 传统民居测绘

1. 功能调整

多依树寨 A3 传统民居的人畜混居模式，不仅不利于卫生环境的提升，还压缩了建筑使用面积。因此在功能上首先对人畜分离的居住模式进行调整，将首层空间改为基本的居住空间。其次，首层原用于圈养牲畜，层高较低，因此提高首层净高也是亟须解决的问题。

首层功能的调整包括三个方面：第一，从人畜混居到人畜分离的居住模式。把牲畜放到民居建筑外圈养，对底层室内环境进行改造提升。第二，提高底层净高。若采用杠杆法，则比较耗费材料和工时，对墙体结构也产生较大的影响。由于哈尼族聚居于高山上，地下水位较低，因此可采取下挖的方式，以利于推广，需注意不能破坏墙身的结构基础。在墙身周边可保留一部分原地坪，根据人体尺度设计床榻、桌椅、存放台面等固定家具。第三，调整具体功能的。由于层高较低，厨房、卫生间、储藏间等辅助功能尽量设置在一层，考虑到面积较大，可同时设置餐厅、客厅等。

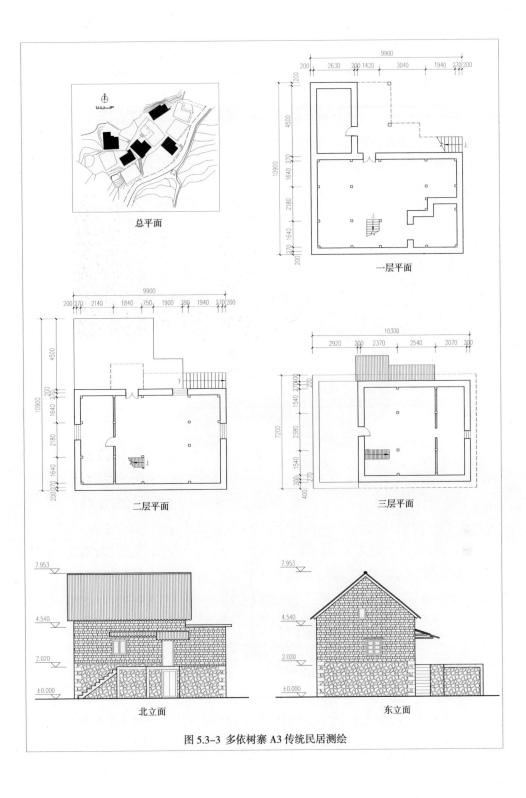

总平面

一层平面

二层平面

三层平面

北立面

东立面

图 5.3-3　多依树寨 A3 传统民居测绘

　　二层仍作为主要的起居功能空间。哈尼传统民居在二层设置火塘作为开放式厨房，导致室内环境长期烟熏缭绕，恶化了生活环境。因此将厨房单独设置在一层，二层只保留起居、卧室等主要功能和卫生间。三层为阁楼层，局部净高较低，考虑到三层室外为粮食晾晒平台，因此阁楼层仍作为储藏粮食的功能空间，也可根据家庭人口需求划分出卧室，如考虑做儿童卧室（图 5.3-4）。

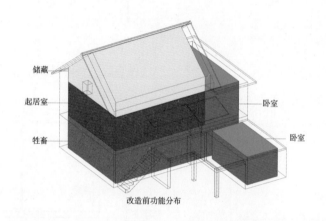

改造前功能分布

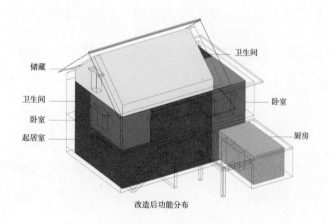

改造后功能分布

图 5.3-4　多依树寨 A3 传统民居功能调整示意

2. 结构系统更新替换

如 图 5.3-5、 图
5.3-6 所示，多依树寨
A3 传统民居用轻钢结
构体系对原有结构系统
进行整体更新替代。

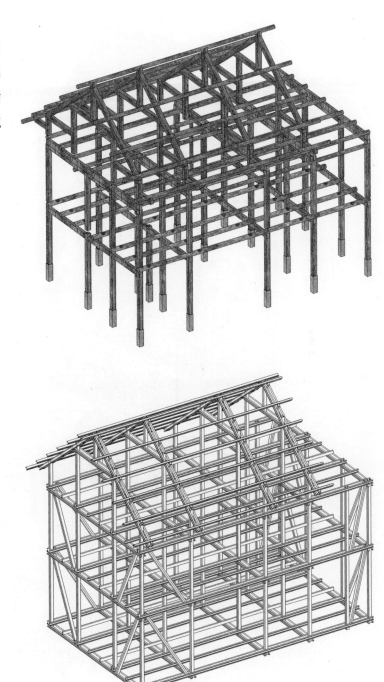

图 5.3-5 多依树寨 A3 传统民居改造前后结构对比

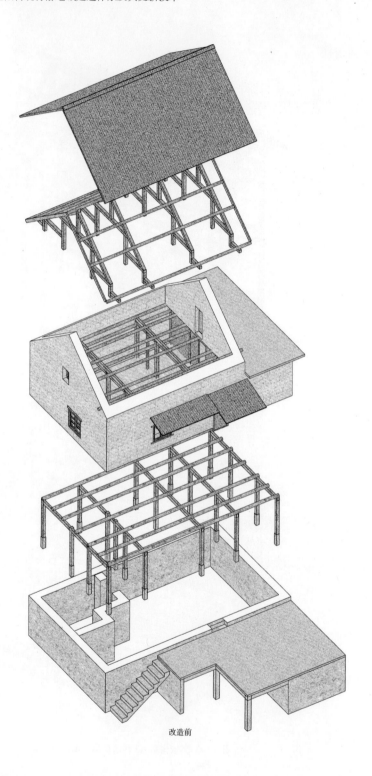

改造前

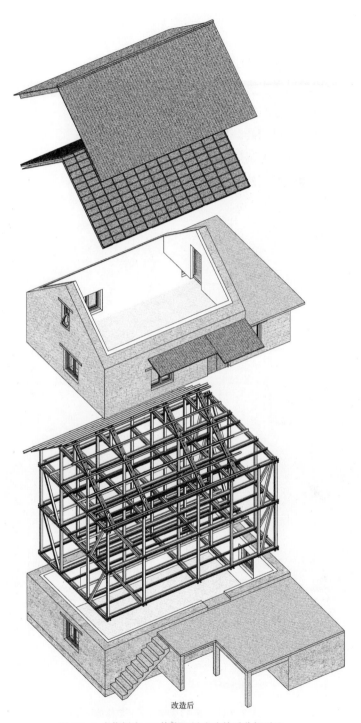

改造后

图 5.3-6 多依树寨 A3 传统民居改造前后分解对比

3. 围护系统热工性能的增强

传统的哈尼民居主要依靠较厚的土坯砖墙体或石墙体作为蓄热体来保证室内热工环境，因此没有做保温处理。但聚落所处海拔较高，昼夜温差较大，为创造更好的居住条件，可增设保温层，提高墙体的热工性能。外保温对建筑外观的影响较大，所以可采用内保温的方式（图5.3-7）。

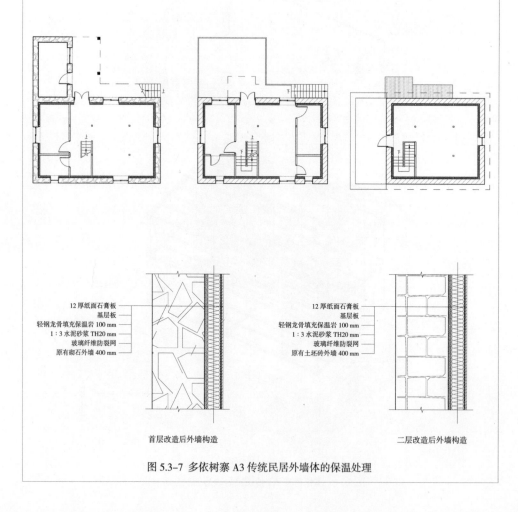

12 厚纸面石膏板
基层板
轻钢龙骨填充保温岩 100 mm
1∶3 水泥砂浆 TH20 mm
玻璃纤维防裂网
原有砌石外墙 400 mm

12 厚纸面石膏板
基层板
轻钢龙骨填充保温岩 100 mm
1∶3 水泥砂浆 TH20 mm
玻璃纤维防裂网
原有土坯砖外墙 400 mm

首层改造后外墙构造

二层改造后外墙构造

图 5.3-7 多依树寨 A3 传统民居外墙体的保温处理

传统屋顶材料耐久性
较差，须经常维护，否则
可能会漏雨，因此屋顶需
做防水层进行防漏处理，
外墙勒脚处做排水和防
潮处理（图 5.3-8）。

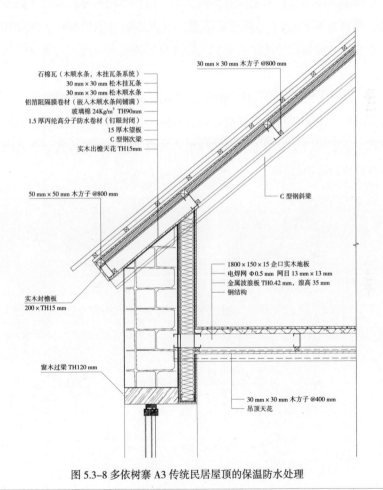

图 5.3-8 多依树寨 A3 传统民居屋顶的保温防水处理

4. 室内环境的提升

室内环境质量的改造主要为改善室内光环境和风环境。哈尼传统民居的室内昏暗，其火塘开放，常年烟熏导致墙体黝黑，且传统民居的窗户较小，采光严重不足，室内空气流动性差。随着村民对生活质量需求的提高，传统采光环境已不适合现代居住生活，因此需对室内光环境进行改造提升。

1）室内光环境与风环境的改善

其一，增加窗的数量，增大窗的尺寸。由于增加了卧室、卫生间等功能空间，窗户的数量也应相应增设。可在原窗洞基础上增大其窗洞尺寸，并根据具体功能对采光量的不同要求，进行不同尺寸的设计，但尽量统一规格（图 5.3-9）。应避免因窗户过大影响外围护的热工性能和结构安全。开窗位置的选择考虑空气的对流，为提升室内空气质量提供基本条件。

其二，采用浅色墙面，其中厨房、卫生间须满足防水、防潮的需求，内墙面满贴白瓷砖，其他内墙面可结合具体情况采用不同浅色材料和构造方式。本案例由于采用了轻钢结构整体替换＋内保温的方式，选择白色石膏板作为饰面材料。

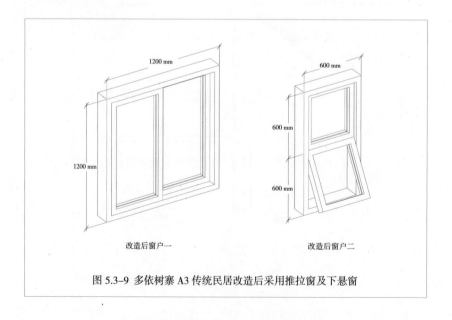

改造后窗户一　　　　　　　　改造后窗户二

图 5.3-9　多依树寨 A3 传统民居改造后采用推拉窗及下悬窗

2）改造前后光环境与风环境对比（图5.3-10~图5.3-13）

对进行改造设计的传统民居进行性能模拟对比。模拟过程中将传统民居导入计算机软件中，设定当地气候数据，模拟分析改造前后传统民居的日照和风环境。需要特别提出的是，多依树寨位于元江南岸的坡地上，因此建筑背山面水，A3 传统民居恰好坐北朝南，因此，将 A3 传统民居的测试朝向按实际情况设置为坐南朝北，这也符合当地大部分传统民居的大致朝向。

通过对比测试结果可以看出：在日照方面，改造前，民居内部仅二楼局部有日照，但通过增加窗户数量和窗洞面积，民居内部日照得到较高的提升。在风环境方面，改造前，建筑内部一层空气流动性极差，二层仅西侧和东侧有一定的空气流动；改造后，建筑围护结构四周都有较好的空气流动性。改造后的传统民居除了建造体系的可持续性有了大幅提升外，建筑内部的采光和通风都得到了改善，室内环境的提升是改善人居环境重要的一步。

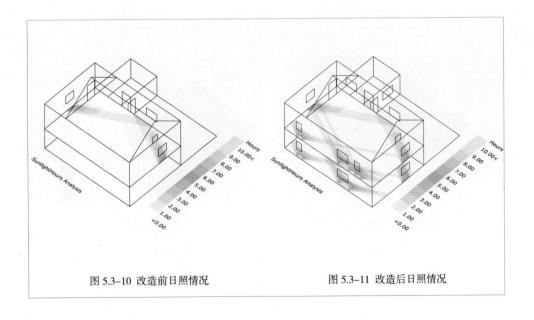

图 5.3-10 改造前日照情况　　　　　　图 5.3-11 改造后日照情况

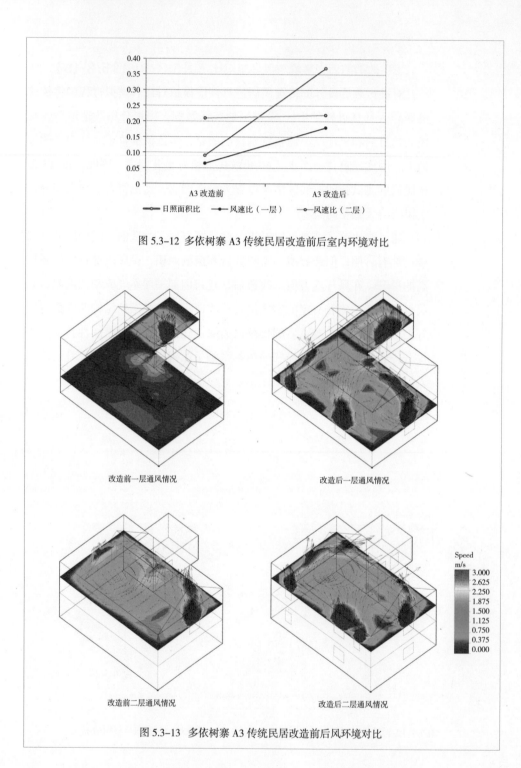

图 5.3-12 多依树寨 A3 传统民居改造前后室内环境对比

改造前一层通风情况

改造后一层通风情况

改造前二层通风情况

改造后二层通风情况

图 5.3-13 多依树寨 A3 传统民居改造前后风环境对比

·多依树寨 A3 传统民居改造后图纸（图 5.3-14~ 图 5.3-18）

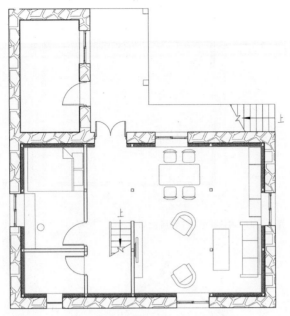

图 5.3-14　多依树寨 A3 传统民居改造后一层平面

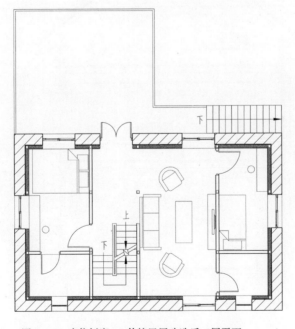

图 5.3-15　多依树寨 A3 传统民居改造后二层平面

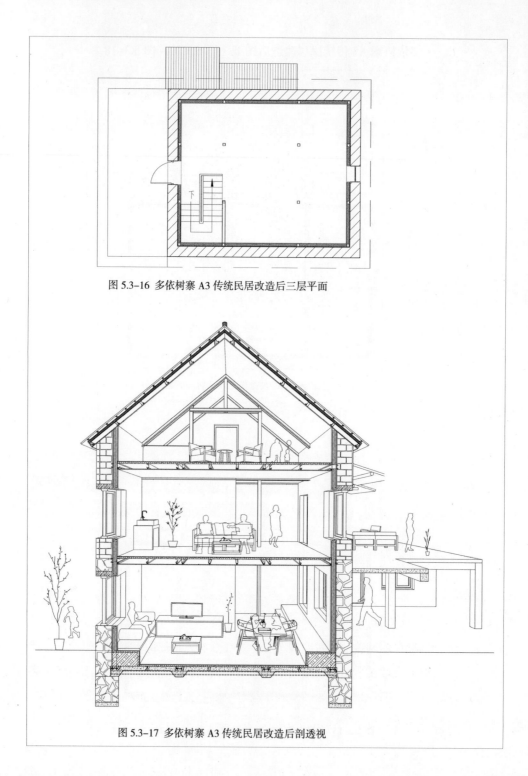

图 5.3-16 多依树寨 A3 传统民居改造后三层平面

图 5.3-17 多依树寨 A3 传统民居改造后剖透视

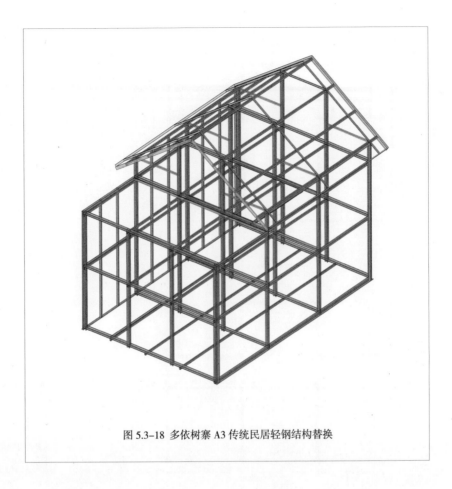

图 5.3–18 多依树寨 A3 传统民居轻钢结构替换

四、新民居设计

　　新民居的设计与建造是山地梯田地区哈尼传统村落延续的必经之路，更担负了人居环境提升的重要任务。新民居不仅应传承村落文脉，延续村落风貌，同时应考虑可持续性发展等当代价值需求。因此，新民居的设计在平面布局中应依托哈尼传统民居的形制，同时融入现代生活方式；在建构方面应结合传统建造技艺与当代建造技术，利用轻钢结构体系进行骨架搭建，形成具有构件可替换的哈尼"蘑菇房"民居建造体系（图 5.4–1~ 图 5.4–3）。

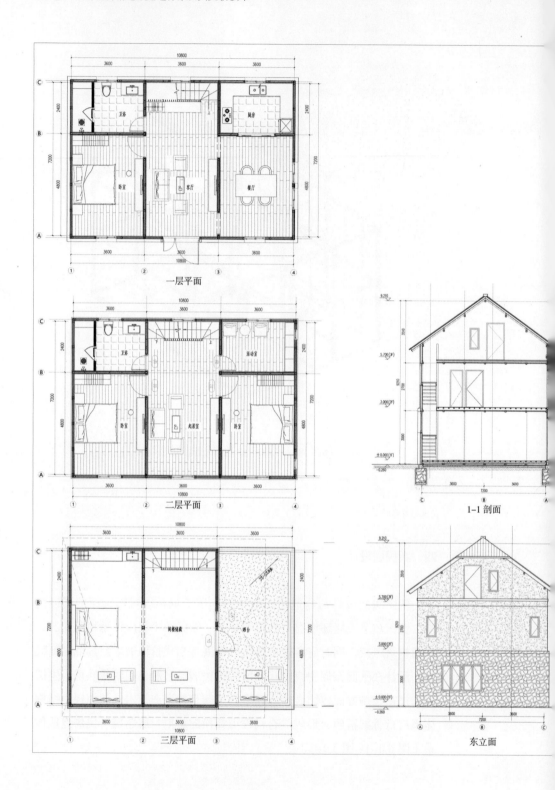

一层平面

二层平面

1-1 剖面

三层平面

东立面

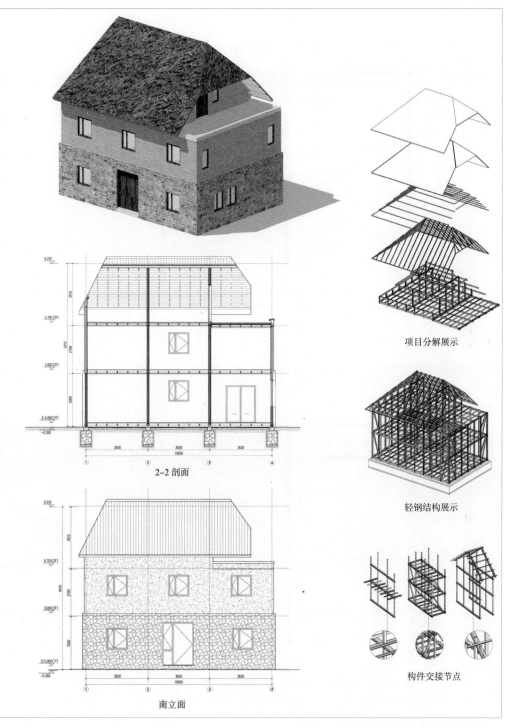

项目分解展示

轻钢结构展示

构件交接节点

2-2 剖面

南立面

图 5.4-1 元阳轻钢结构新民居标准户型图纸一

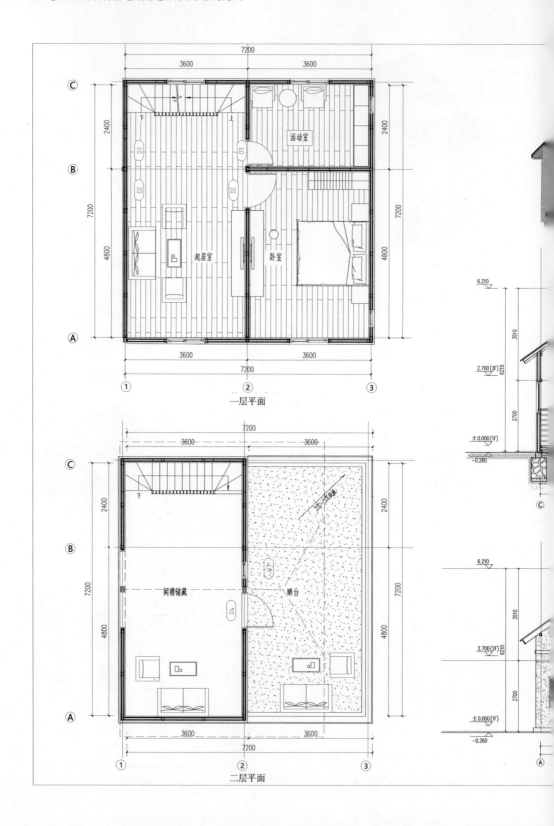

一层平面

二层平面

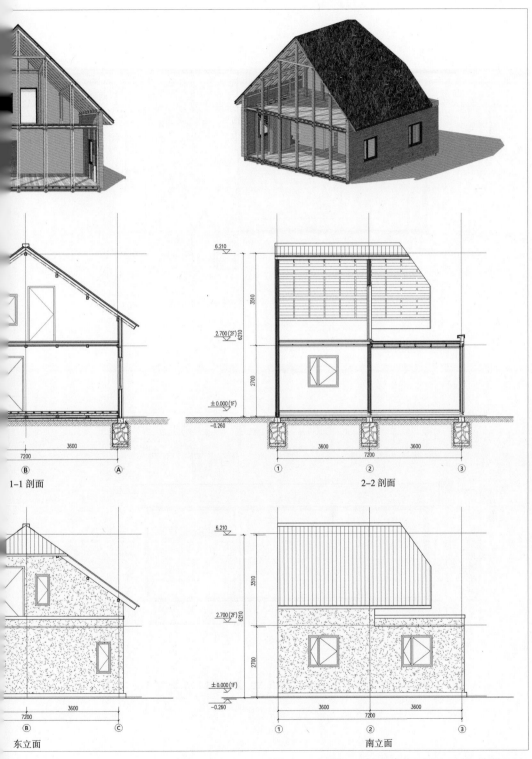

图 5.4-2　元阳轻钢结构新民居标准户型图纸二

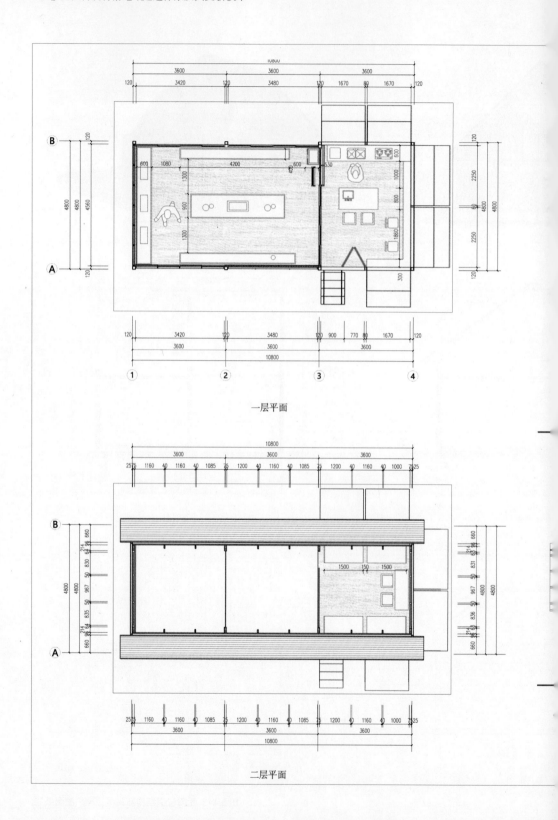

一层平面

二层平面

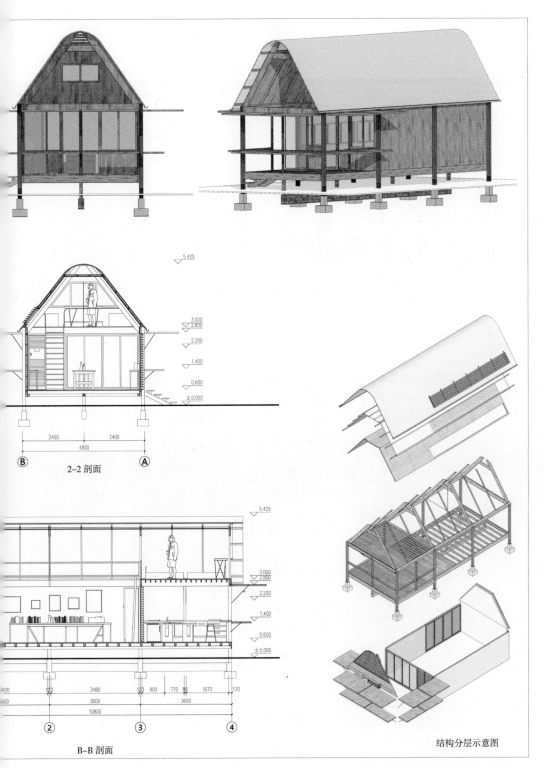

图 5.4-3　元阳轻钢结构新民居标准户型图纸三

结　语

本书针对山地梯田传统村落更新中如何保留历史延续性与可持续性，如何创造性地使用适宜性技术、提升村庄环境与房屋质量等问题，从理论建构到实践指导，进行以下研究：

（1）对山地梯田传统村落进行实际调研、测绘、计算，分析其绿色性能，总结其优缺点；

（2）对既有建造体系进行优化设计，提出局部可替代的结构、构造技术；

（3）改善农田、山体、道路等村庄整体环境风貌；

（4）提出节能、节地的新民居设计建造技术，进行户型、结构、构造设计，并完成实验房的建设与测试。

本书初步达到以下三个目标：

（1）建立地域营造体系的设计优化方法：通过对山地梯田传统建筑的结构安全、采光和通风系统及其温室效应的综合分析，结合地方建造，探索绿色替代技术设计优化方法，在定量研究的基础上进行定性分析和理论总结。

（2）指导乡村建设中的传统村落更新设计：传统地域性建造技术的传承及其环境建造技术手段对节能减排和可持续发展有着重要作用。对地方传统的可持续技术的现代更新有助于发扬地域风貌和文化特色，防止简单地"穿衣戴帽"，防止对地方特色的符号化处理，具有重要的现实指导意义。云南元阳哈尼梯田作为世界级文化遗产，其村落更新保护的实践探索对全国其他地区的山地梯田传统村落具有先行、先试的意义。

（3）拓展地域建筑和传统建造体系适应性设计研究的领域：当前对山地梯田传统村落的研究大多集中在聚落空间与建筑文化等方面，本书对山地梯田地区的地方建造体系进行研究，重点分析地域性传统营造体系如何通过新形式、技术和方法得以更新替代，有助于拓展地域建筑和传统建造体系适应性设计研究的视角。

本书梳理总结的关键技术问题包括如下几个方面。

（1）传统的启示和传承

山地梯田传统村落对当代建筑特别是村镇建筑的设计方法有多方面的启示：①以土掌房的生土维护结构和蘑菇形草顶为特色的山地梯田传统民居在能耗、隔热保温和调节空气湿度等方面具有独特的优势，具备节能潜力；②建筑与村寨、山体、梯田、景观、植物形成和谐的景观生态体系，景观生态体系完美地融合进山地梯田的形态肌理和建筑风貌之中；③山地梯田传统民居的建造体系体现了地域建筑对现代技术的适应性发展，有较为重要的学术价值。

（2）村落整体环境的保护更新

村落整体环境更新应避免以往美丽乡村中的"穿衣戴帽"与"运动式出新"，避免使用过多外来材料、新材料和新做法，尽量使用原有材料的做法和原有工艺。对严格保护的传统村落，其围墙、道路、挡土墙、田埂，都应尽可能使用原有材料和做法去修复，应禁止大面积更新、替换原有材料，可以进行技术性修复，甚至少量地进行明显的新老材料区分。对一般性保护的传统村落，应该尽量使用原有材料、原有工艺进行环境修补，让其功能更加完善。修复后的乡村，应形成整体风貌下的山、水、田、林、建筑的统一体，成为原有生态系统保持良好的整体。

（3）村落建筑保护更新

对严格保护的传统村落，应使用"文物式"保护方法，其结构、构造、材料应完全使用原有本土材料和本土做法。对结构安全性差的建筑进行加固，对热工性能差的建筑进行处理，进行屋顶翻瓦，更换防水层，室内墙身粉刷保温砂浆，更换密闭性能好的铝合金门窗等。对一般性保护的传统村落，应尽量使用原有材料、原有工艺进行环境修补，让其功能更加完善，少量房屋的材料和工艺，在不影响整体风貌的情况下，可以突破传统式样和做法。对于普通村落，则应使用性能更好、造价更低的新材料，注意整体色彩、风貌协调即可。

（4）适宜技术使用及其关键问题

遵循地域性、适宜性技术和节能低碳的设计思路，针对建造形式、技术方法和材料建构提出设计优化途径，并在此基础上探讨山地梯田传统村落地域建造体系的绿色替代技术。在进行建造体系分析时，关键问题是如何寻找适宜的结构替代技术和加固技术以保证建筑的安全性和经济性。其解决思路是：打通地区传统木结构体系与轻型钢结构体系，使两者结构体系保持一致，在任何部位可以实现组合替换或局部替换。绿色替代技术设计优化的关键问题是如何寻找可持续、对环境友好的新材料、新技术，以保护传统建筑风貌，同时满足现代生活需要。其解决方法是：通过轻型板材、金属波形瓦、泥浆喷涂、黄沙加胶水、涂料等多种方法的样板实验，对绿色替代技术进行效能测试，在此基础上进行计算机模拟，分析、筛选、比较结果，寻求环保、低造价、可持续、乡土的新型绿色替代技术。

对建筑的维护结构和屋顶的材料和构造，可进行进一步的优化和探讨，以就地取材的竹材、木材、稻草、土坯和石材等为主要材料，寻找耐久、实用、造价低、与环境和谐的替代材料和替代建造技术，引入新的材料和构造做法。对这些做法的研究，将成为山地梯田村落更新保护成败与否的决定性影响因素。

参考文献

[1] 白雪悦，郦大方，钱云.两个地域的哈尼族聚落景观差异比较研究：以西双版纳曼冈村和红河州阿者科为例 [J].住区，2019（4）：124-132.

[2] 柏文峰.云南民居结构更新与天然建材可持续利用 [D].北京：清华大学，2009.

[3] 柏文峰，王雅晶.小构件 IMS 体系云南民居预制构件保护性拆卸技术 [J].四川建筑科学研究，2011，37（6）：66-69.

[4] 陈志华.乡土建筑廿三年 [J].中国建筑史论汇刊，2012（1）：355-360.

[5] 陈志华，李秋香.中国乡土建筑初探 [M].北京：清华大学出版社，2012.

[6] 陈从周，等.中国民居 [M].上海：学林出版社，1997.

[7] 程海帆，张盼，朱良文.作为文化景观遗产的村落保护性改造试验：以红河哈尼梯田遗产区阿者科为例[J].住区，2019(5)：82-88.

[8] 方洁，杨大禹.同一民族的不同民居空间形态：哈尼族传统民居平面格局比较 [J].华中建筑，2012，30（6）：152-156.

[9]《哈尼族简史》编写组.哈尼族简史 [M].昆明：云南人民出版社，1985.

[10] 黄光宇.山地城市学 [M].北京：中国建筑工业出版社，2002.

[11] 黄华青，周凌.居住的世界：人类学视角下云南元阳哈尼族住宅的空间观 [J].新建筑，2019（6）：78-83.

[12] 蒋高宸.云南民族住屋文化 [M].昆明：云南大学出版社，1997.

[13] 李保峰.适应夏热冬冷地区气候的建筑表皮之可变化设计策略研究 [D].北京：清华大学，2004.

[14] 李佳霖.元阳哈尼梯田：重要的是让农民留下来种愁 [EB/OL].（2018-01-27）.https://www.sohu.com/a/219296407_559116.

[15] 李军.游在传统村落，感受美丽乡愁 [N/OL].中国环境报，2015-11-16：4[2020-03-05].http://epaper.cenews.com.cn/html/1/2015-11/16/04B/2015111604B_pdf.pdf.

[16] 李恬楚.元阳哈尼梯田遗产区传统村落改造规划设计及修复性导则 [D].南京大学,2019.

[17] 李先逵.干栏式苗居建筑 [M].北京：中国建筑工业出版社，2005.

[18] 李晓峰.乡土建筑：跨学科研究理论与方法 [M].北京：中国建筑工业出版社，2005.

[19] 李悦，吴玉生，周孝军，等.轻钢住宅体系的国内外发展与应用现状 [J].建筑技术，2009，40（3）：204-207.

[20] 林波荣，李晓峰.居住区热环境控制与改善技术研究 [M].北京：中国建筑工业出版社，2010.

[21] 刘敦桢.中国住宅概说 [M].天津：百花文艺出版社，2004.

[22] 陆元鼎，魏彦钧.广东民居 [M].北京：中国建筑工业出版社，1990.

[23] 罗德胤，孙娜，霍晓卫，等.哈尼梯田村寨 [M].北京：中国建筑工业出版社，2013.

[24] 罗德胤，孙娜.三个哈尼村寨的建筑测绘与分析 [J].住区，2013（1）：88-97.

[25] 清家刚，秋元孝之.可持续性住宅建设 [M].陈滨，译.北京：机械工业出版社，2008.

[26] 邵思宇.元阳哈尼梯田遗产区传统村落人居环境修复研究 [D].南京大学,2018.[24]单德启.论中国传统民居村寨集落的改造 [J].建筑学报，1992（4）：8-11.

[27] 单德启.欠发达地区传统民居集落改造的求索：广西融水苗寨木楼改建的实践和理论探讨 [J].建筑学报，1993（4）：15-19.

[28] 单德启，袁牧.融水木楼寨改建 18 年：一次西部贫困地区传统聚落改造探索的再反思 [J].世界建筑，2008（7）：21-29.

[29] 单德启.从传统民居到地区建筑 [M].北京：中国建材工业出版社，2004.

[30] 单德启.论中国传统民居村寨集落的改造 [J].建筑学报，1992（4）：8-11.

[31] 单德启.欠发达地区传统民居集落改造的求索：广西融水苗寨木楼改建的实践和理论探讨 [J].建筑学报，1993（4）：15-19.

[32] 宋晔皓.利用热压促进自然通风：以张家港生态农宅通风计算分析为例 [J].建筑学报，2000（12）：12-14.

[33] 孙娜，罗德胤.哈尼民居改造实验 [J].建筑学报，2013（12）：38-43.

[34] 王清华.梯田文化论：哈尼族生态农业 [M].昆明：云南人民出版社，2010.

[35] 王文章 . 非物质文化遗产概论 [M]. 北京：文化艺术出版社，2006.

[36] 王钰 . 轻钢农宅的标准化设计与多样化应用研究 [D]. 北京：清华大学，2012.

[37] 吴恩融，万丽，迟辛安，等 . 光明村灾后重建示范项目，昭通，中国 [J]. 世界建筑，2017（3）：166.

[38] 吴良镛 . 广义建筑学 [M]. 北京：清华大学出版社，2011.

[39] 吴良镛 . 人居环境科学导论 [M]. 北京：中国建筑工业出版社，2001.

[40] 吴向阳 . 寻找生态设计的逻辑：杨经文的设计之路 [J]. 建筑师，2008（1）：62-70，77.

[41] 武玉艳 . 谢英俊的乡村建筑营造原理、方法和技术研究 [D]. 西安：西安建筑科技大学，2014.

[42] 许骏 . 哈尼族传统民居建造体系研究 [D]. 南京大学 ,2016.

[43] 杨昌鸣 . 东南亚与中国西南少数民族建筑文化探析 [M]. 天津：天津大学出版社，2004.

[44] 杨大禹，朱良文 . 云南民居 [M]. 北京：中国建筑工业出版社，2009.

[45] 杨大禹 . 对云南红河哈尼族传统民居形态传承的思考 [J]. 南方建筑，2010（6）：18-27.

[46] 杨宇亮，罗德胤，孙娜 . 元江南岸梯田村寨的宏观空间特征研究 [J]. 建筑史，2015（2）：90-99.

[47] 原广司 . 世界聚落的教示 100[M]. 于天，刘淑梅，马千里，译 . 北京：中国建筑工业出版社，2003.

[48] 云南省元阳县志编纂委员会 . 元阳县志 [M]. 贵阳：贵州民族出版社，1990.

[49] 朱良文 . 对贫困型传统民居维护改造的思考与探索：一幢哈尼族蘑菇房的维护改造实验 [J]. 新建筑，2016（4）：40-45.

[50] 朱良文 . 传统民居价值与传承 [M]. 北京：中国建筑工业出版社，2011.

[51] 朱良文 . 传统民居的价值分类与继承 [J]. 规划师，1995，11（2）：14-17.

[52] 朱良文 . 试论传统民居的经济层次及其价值差异：对传统民居继承问题的探讨之三 [C]// 中国传统民居与文化（第七辑）：中国民居第七届学术会议论文集，1996.

[53] 朱良文 . 从箐口村旅游开发谈传统村落的发展与保护 [J]. 新建筑，2006（4）：4-8.

[54] 张宝丹 . 元阳哈尼梯田遗产区村落与民居保护管理及其实施范式研究 [D]. 昆明：昆明理工大学，2016.

[55] 张春婷 . 元阳哈尼族传统民居的地域建造体系更新及替代技术研究设计 [D]. 南京大学 ,2020.[54] 张红榛 . 哈尼族古谚语：汉英对照 [M]. 昆明：云南美术出版社，2010.

[56] 张晓哲 . 钢结构装配式住宅构件标准化探究 [D]. 北京：北京工业大学，2008.

[57] 张悦，倪锋，郝石盟，等 . 北京乡村的可持续规划设计探索 [J]. 建筑学报，2009（10）：79-82.

[58] 赵济生，王昌明，生志勇，等 . 夏热冬冷地区外墙内保温技术的应用 [J]. 施工技术，2009，38（5）：49-50.

[59] 周凌 . 桦墅乡村计划：都市近郊乡村活化实验 [J]. 建筑学报，2015（9）：24-29.

[60] 周维 . 湿热地区农村夯土住宅节能设计研究 [D]. 武汉：华中科技大学，2007.

[61] 周维 . 湿热地区农村夯土住宅节能设计研究 [D]. 武汉：华中科技大学，2007.

[62] 宗路平，角媛梅，李石华，等 . 哈尼梯田遗产区乡村聚落景观及其演变：以云南元阳全福庄中寨为例 [J]. 热带地理，2014，34（1）：66-75.

[63] ANDERSON S. Eladio Dieste：Innovation in Structural Art[M]. New Jersey：Princeton Architectural Press，2004.

[64] ELIZABETH L，ADAMS C. Alternative Construction：Contemporary Natural Building Methods[M]. [s.l.]：Wiley Press，2005.

[65] FATHY H. Natural Energy and Vernacular Architecture：Principles and Examples with Reference to Hot Arid Climates[M]. Chicago：University of Chicago Press，1986.

[66] FRAMPTON K. Studies in Tectonic Culture：The Poetics of Construction in Nineteenth and Twentieth Century Architecture[M]. Massachusetts：MIT Press，Cambridge，1995.

[67] GUZOWSKI M. Towards Zero Energy Architectur New Solar Design[M]. London：Thames & Hudson Press，1995.

[68] MORGAN L H. Houses and House-life of the American Aborigines[M]. Chicago：University of Chicago Press，1965.

[69] JONES D L. Architecture and the Environment：Bioclimatic Building Design[M]. London：Lawrence King，1998.

[70] RAPOPORT A. House Form and Culture[M]. London：Englewood Cliffs，1969.

[71] RUDOFSKY B. Architecture without Architects：An Introduction to Non-Pedigreed Architecture[M]. London： Academy Editions，1964.

多依树寨测绘 A 组团

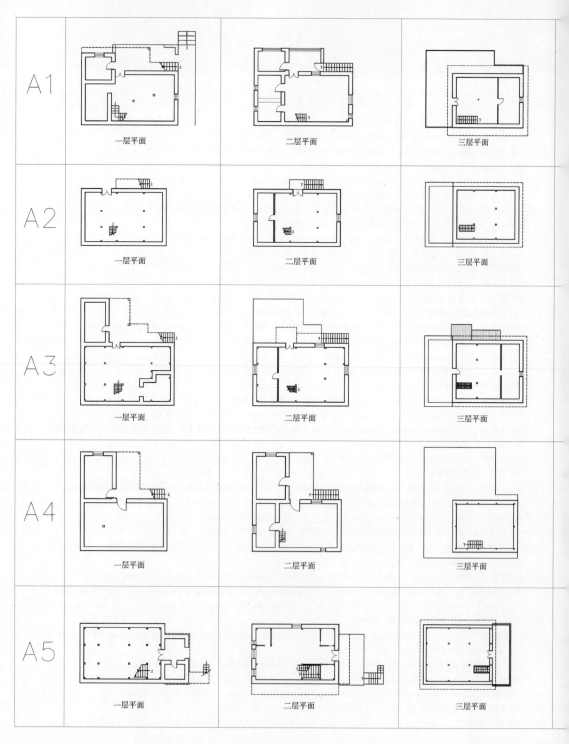

A1　一层平面　二层平面　三层平面

A2　一层平面　二层平面　三层平面

A3　一层平面　二层平面　三层平面

A4　一层平面　二层平面　三层平面

A5　一层平面　二层平面　三层平面

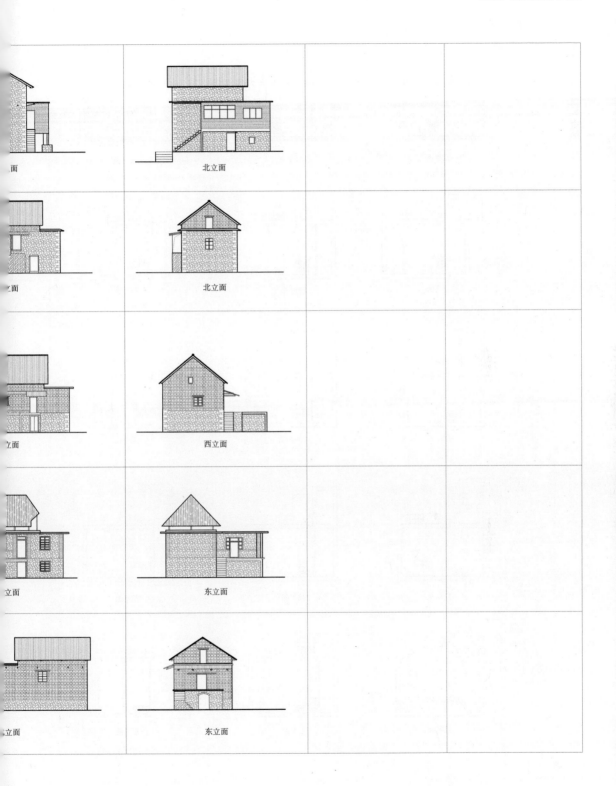

面

北立面

立面

北立面

立面

西立面

立面

东立面

立面

东立面

多依树寨测绘 B 组团

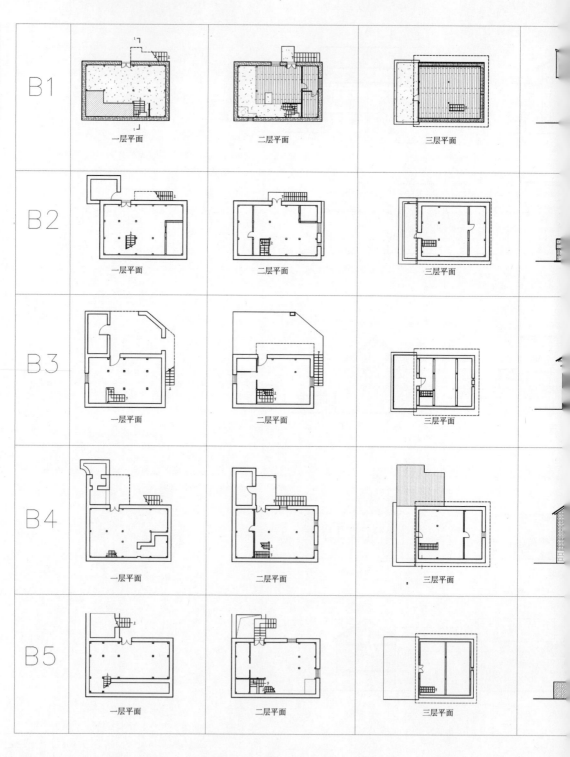

B1 一层平面　二层平面　三层平面

B2 一层平面　二层平面　三层平面

B3 一层平面　二层平面　三层平面

B4 一层平面　二层平面　三层平面

B5 一层平面　二层平面　三层平面

东立面

1-1 剖面

北立面

西立面

东立面

北立面

北立面

北立面

多依树寨测绘 E、F 组团·阿者科·上主鲁

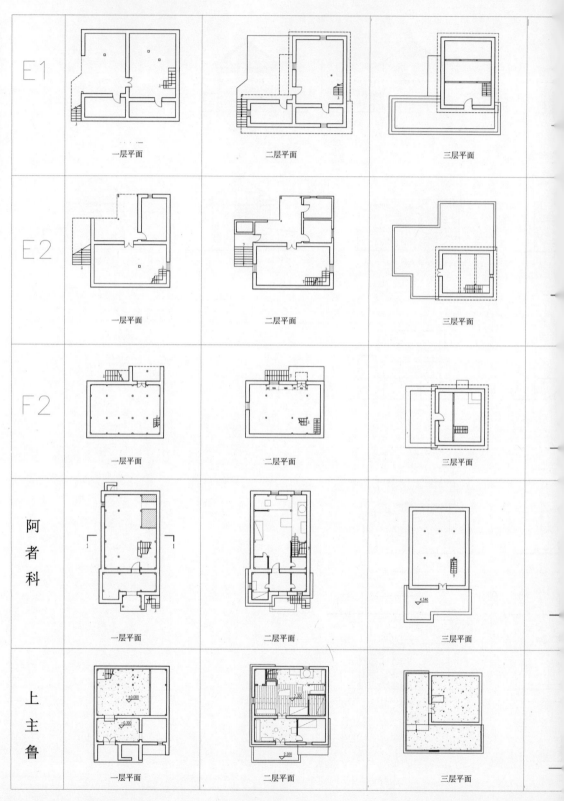

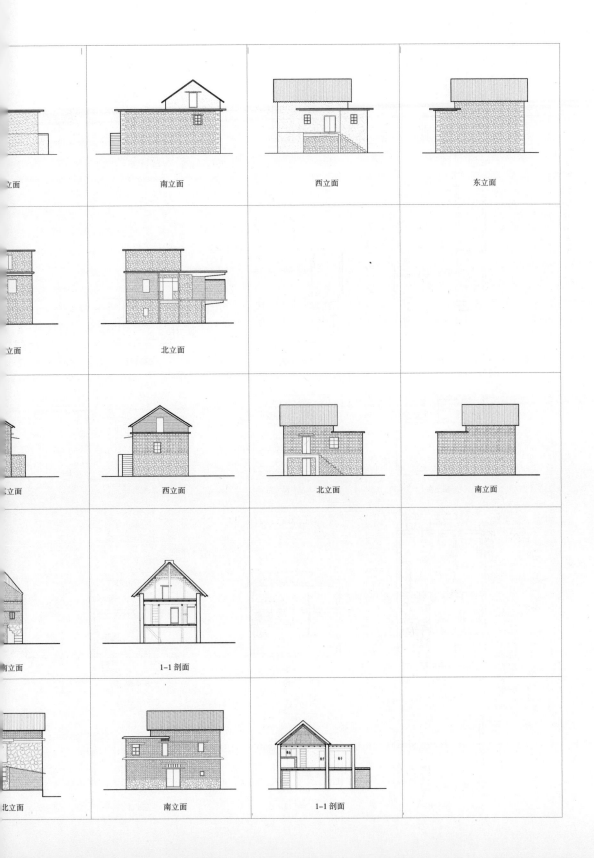

立面

南立面

西立面

东立面

立面

北立面

立面

西立面

北立面

南立面

南立面

1-1 剖面

北立面

南立面

1-1 剖面

平安寨

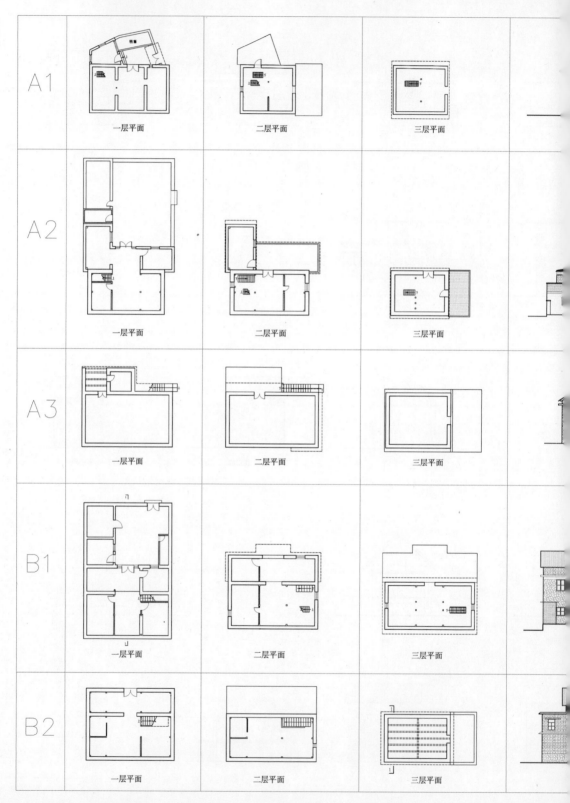

A1	一层平面	二层平面	三层平面
A2	一层平面	二层平面	三层平面
A3	一层平面	二层平面	三层平面
B1	一层平面	二层平面	三层平面
B2	一层平面	二层平面	三层平面

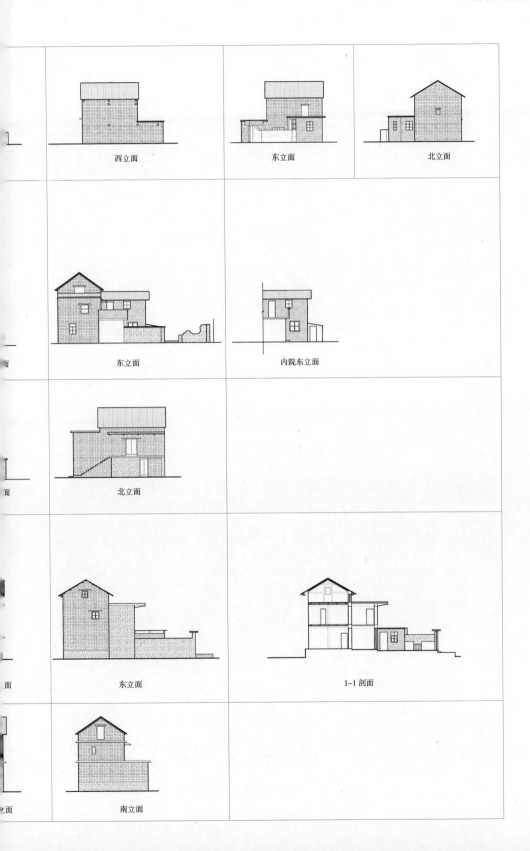

西立面

东立面

北立面

东立面

内院东立面

北立面

东立面

1-1 剖面

南立面

普高新寨

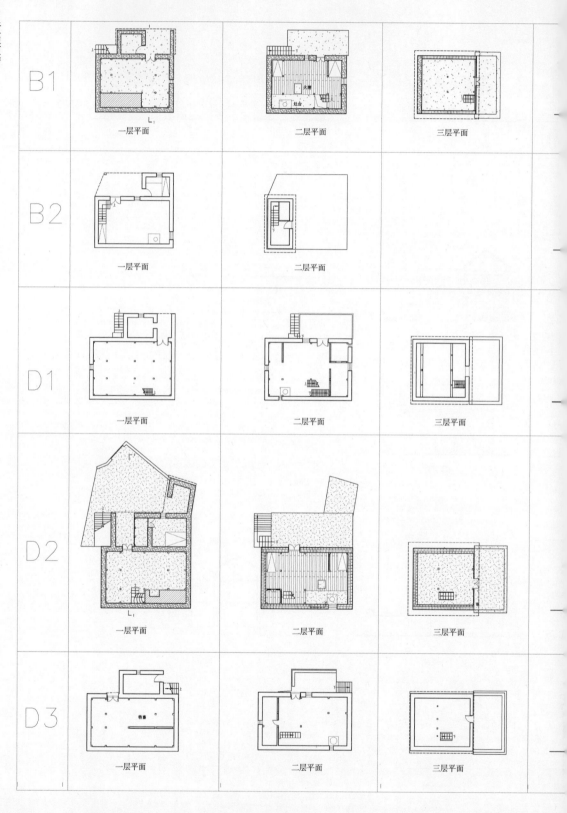

立面　　　　　北立面　　　　　1-1 剖面

立面　　　　　东立面

立面　　　　　西立面　　　　　南立面　　　　　东立面

北立面　　　　　东立面　　　　　1-1 剖面

南立面　　　　　北立面　　　　　东立面　　　　　西立面

阿者科

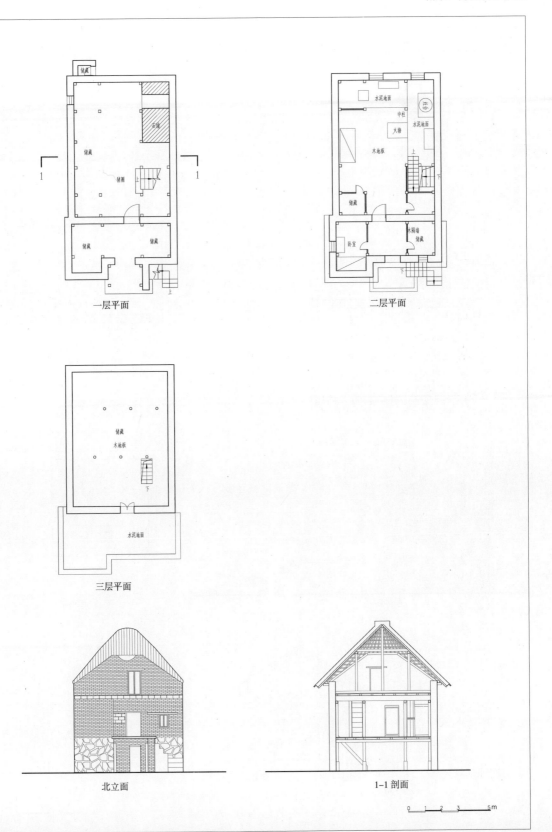

一层平面

二层平面

三层平面

北立面

1-1 剖面

0 1 2 3   5m

上主鲁

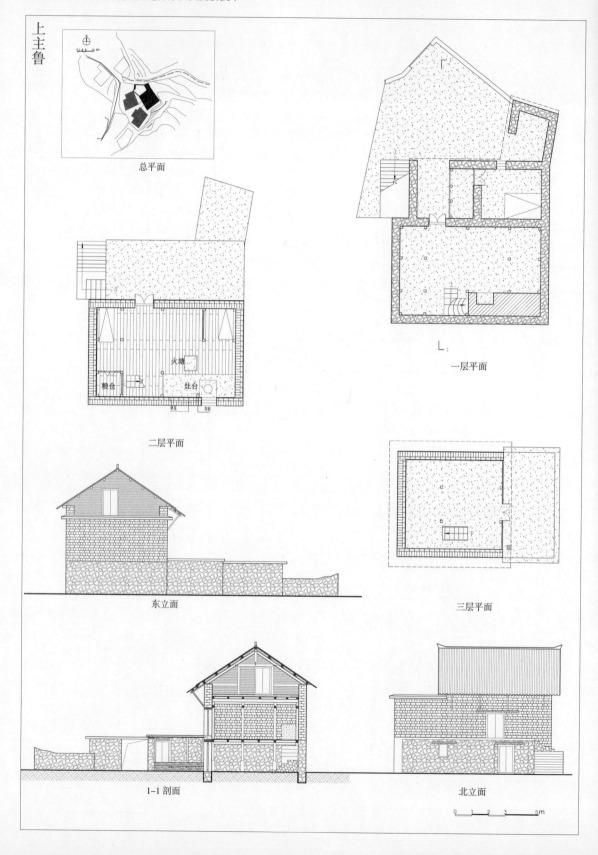

总平面

一层平面

二层平面

火塘
粮仓
灶台

三层平面

东立面

1-1 剖面

北立面

0 1 2 3 5m

多依树A1

总平面

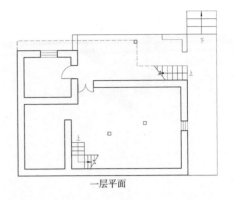

一层平面

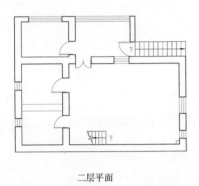

二层平面

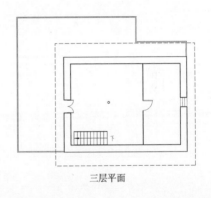

三层平面

北立面

东立面

0 1 2 3 5m

多依树A2

总平面

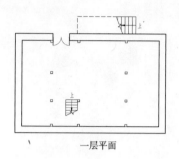

一层平面

二层平面

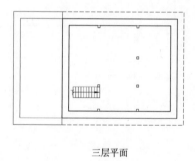

三层平面

北立面

西立面

0 1 2 3　　5m

多依树A3

总平面

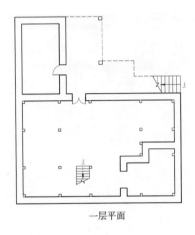

一层平面

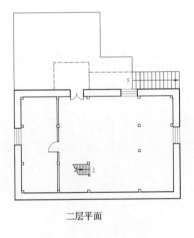

二层平面

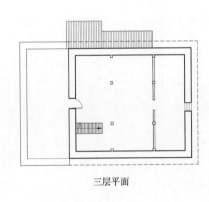

三层平面

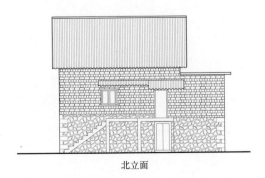

北立面

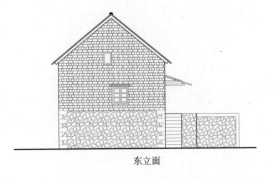

东立面

0 1 2 3 5m

多依树A4

总平面

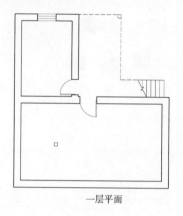

一层平面

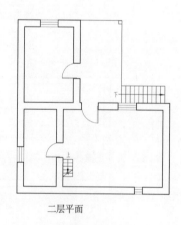

二层平面

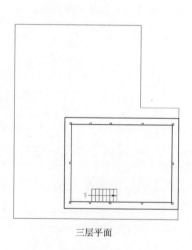

三层平面

北立面

东立面

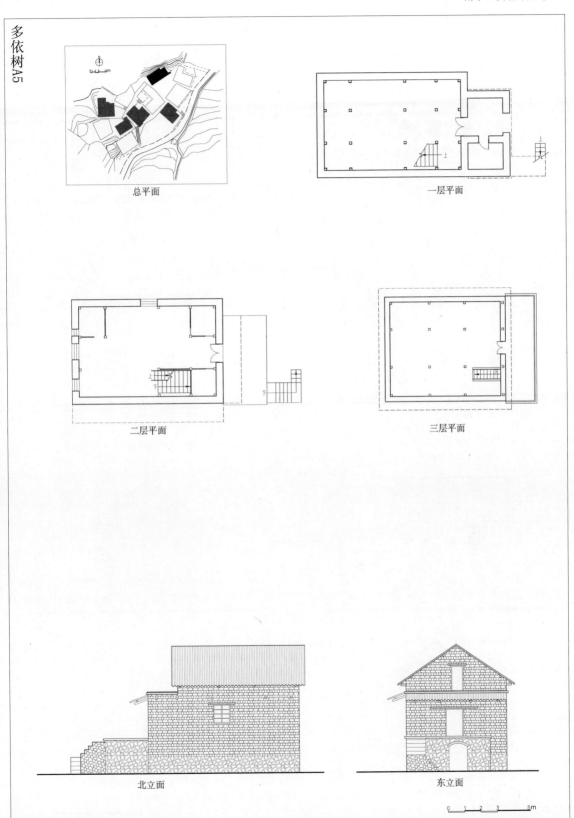

多依树A5

总平面

一层平面

二层平面

三层平面

北立面

东立面

0 1 2 3 5m

多依树B1

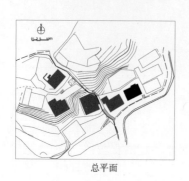

总平面

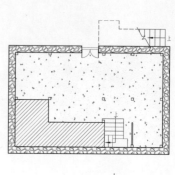

一层平面

二层平面

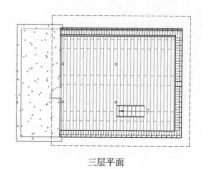

三层平面

北立面

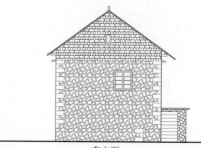

东立面

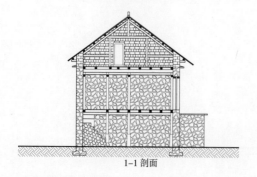

1-1 剖面

0 1 2 3 5m

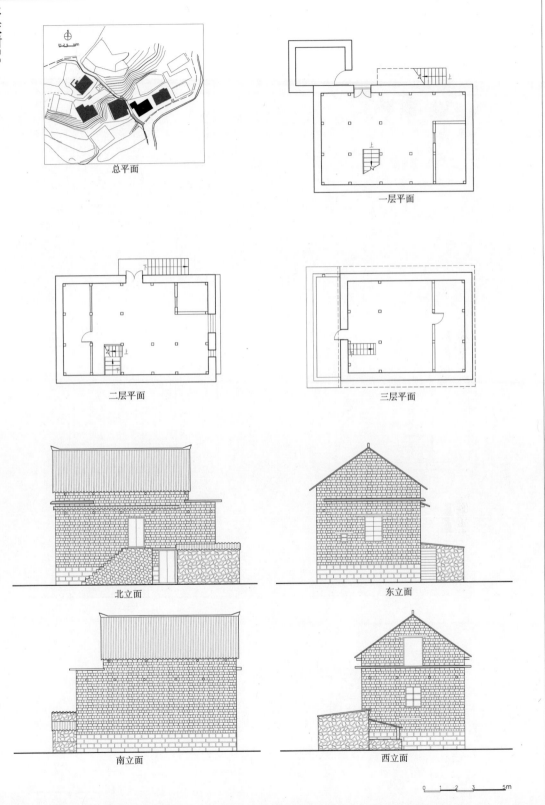

多依树B2

总平面

一层平面

二层平面

三层平面

北立面

东立面

南立面

西立面

0 1 2 3 5m

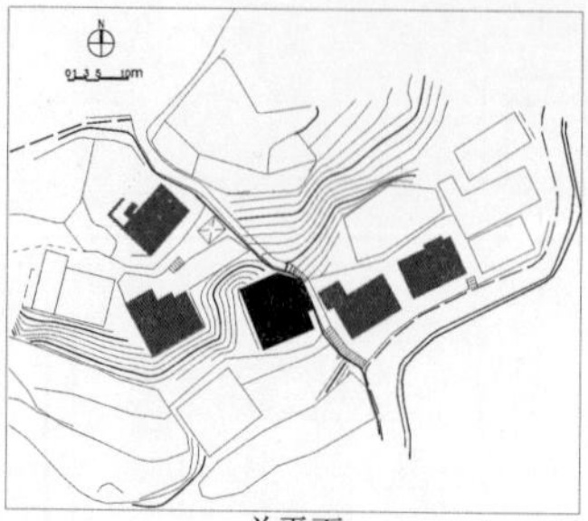

总平面

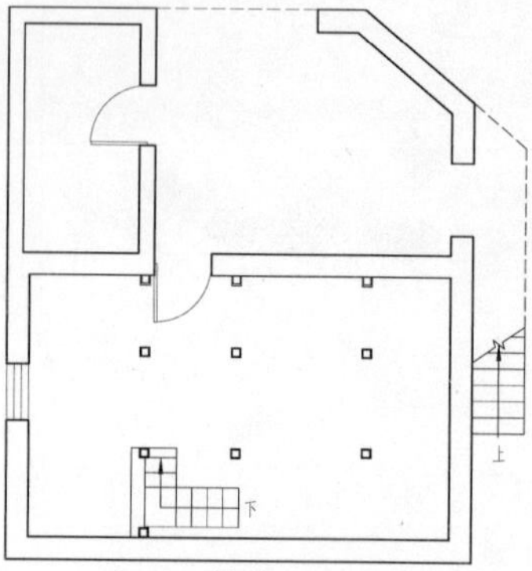

一层平面

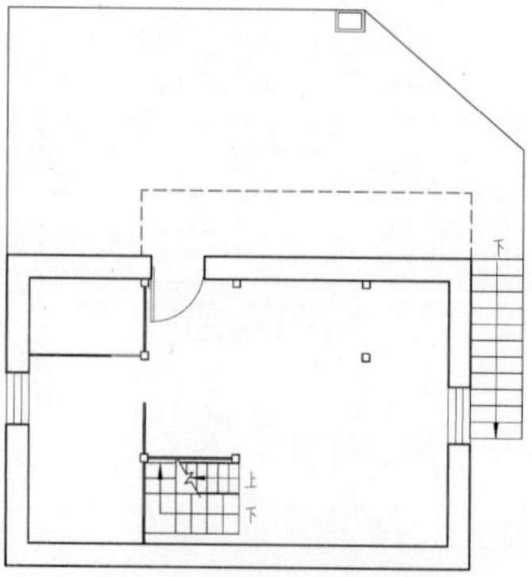

二层平面

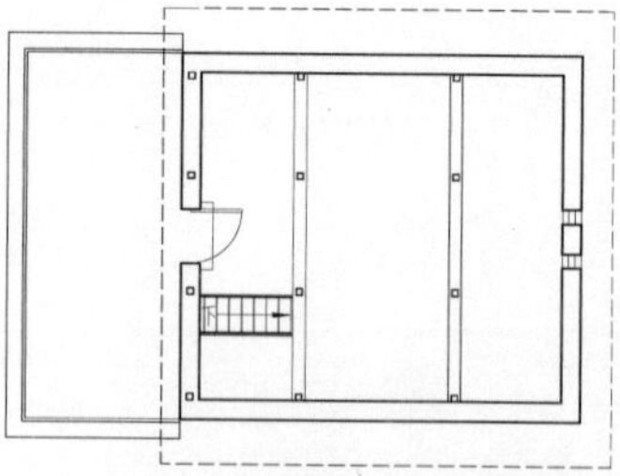

三层平面

北立面

东立面

0 1 2 3 5m

多依树B4

总平面

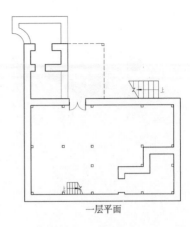

一层平面

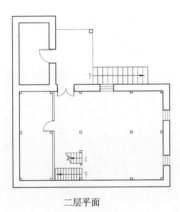

二层平面

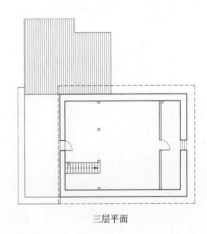

三层平面

北立面

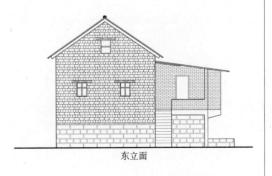

东立面

0 1 2 3 　 5m

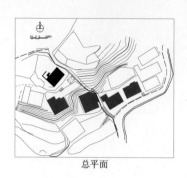

总平面

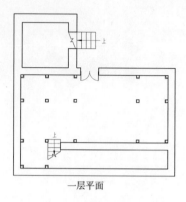

一层平面

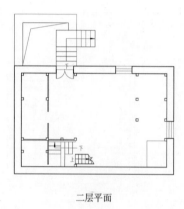

二层平面

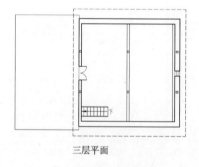

三层平面

北立面

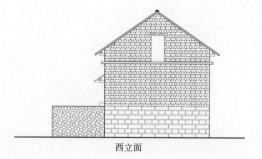

西立面

0 1 2 3 5m

多依树E1

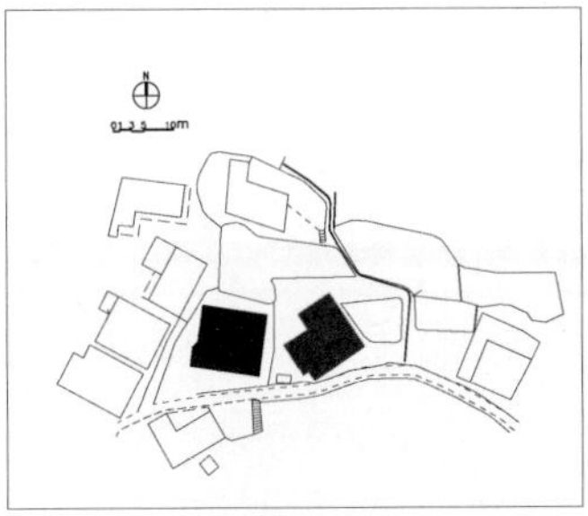

总平面

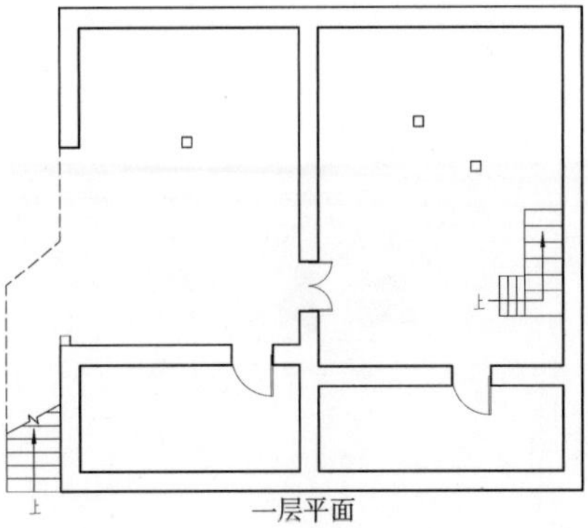

一层平面

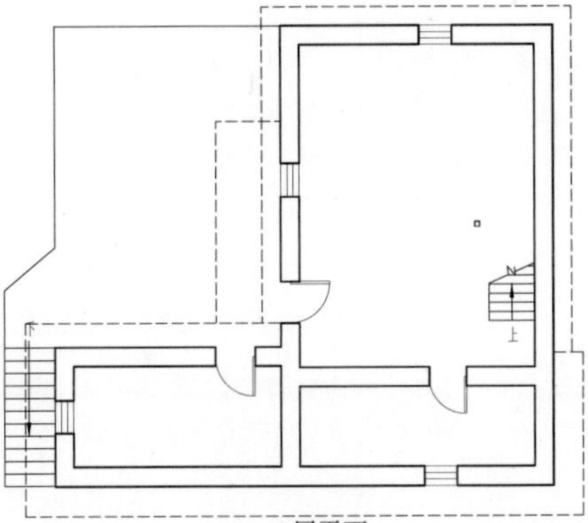

二层平面

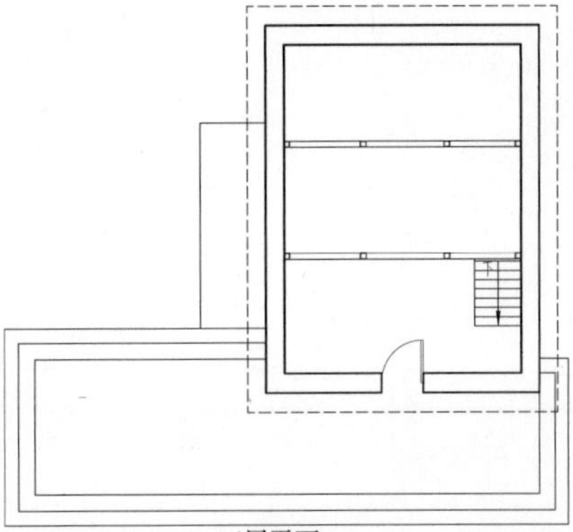

三层平面

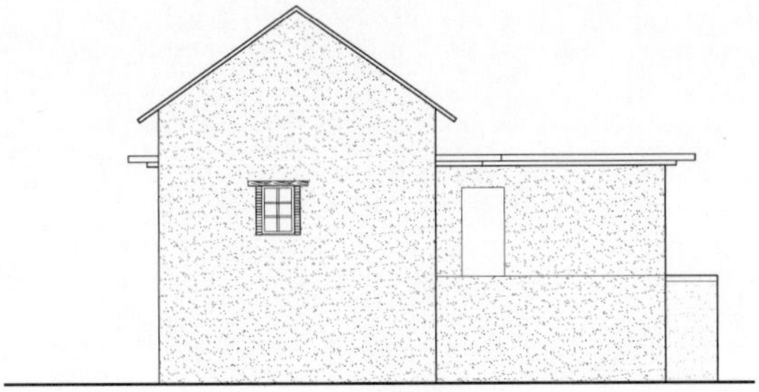

北立面

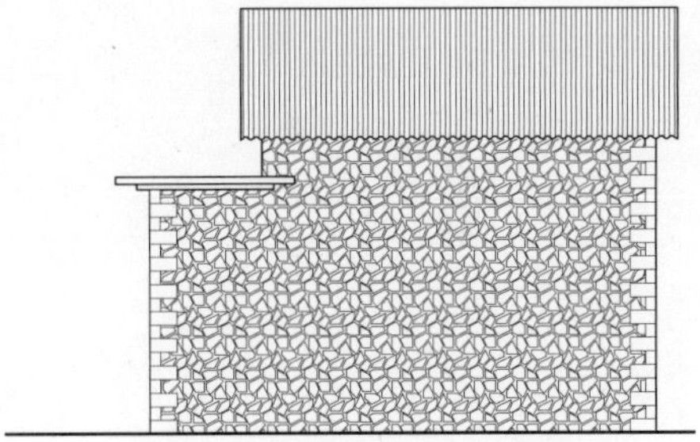

东立面

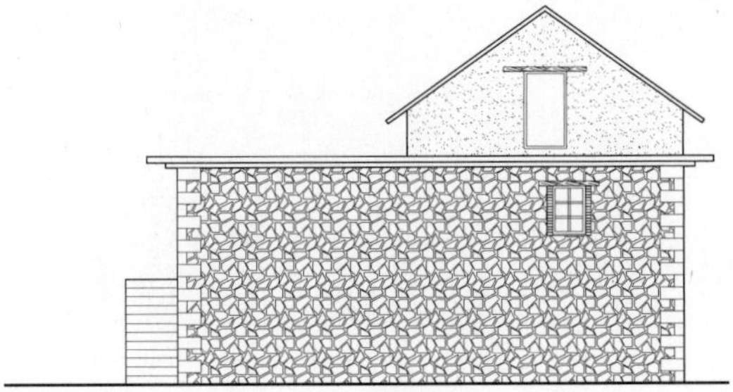

南立面

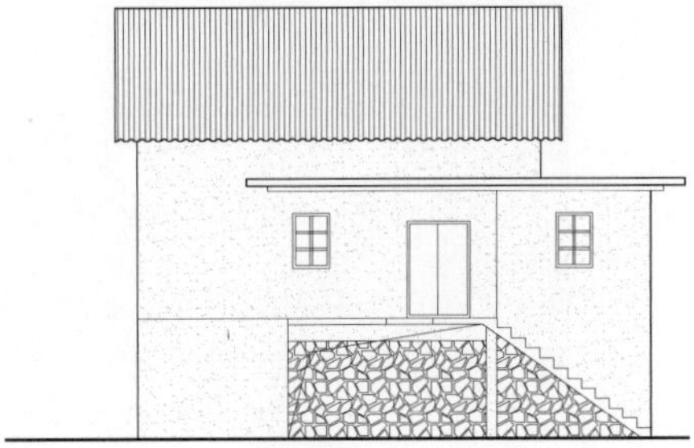

西立面

0 1 2 3 5m

多依树E2

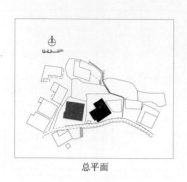

总平面

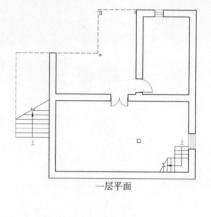

一层平面

二层平面

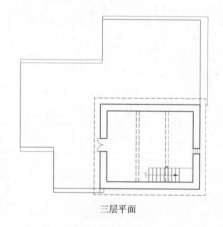

三层平面

北立面

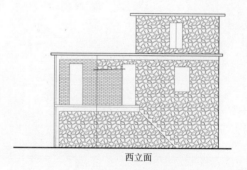

西立面

多依树F1

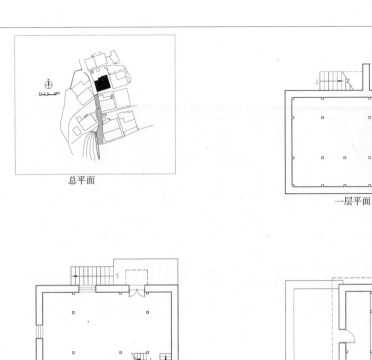

总平面

一层平面

二层平面

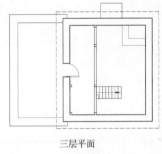

三层平面

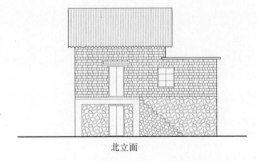

北立面

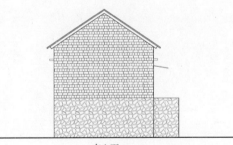

东立面

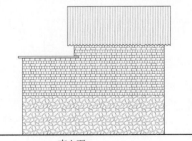

南立面

西立面

0 1 2 3   5m

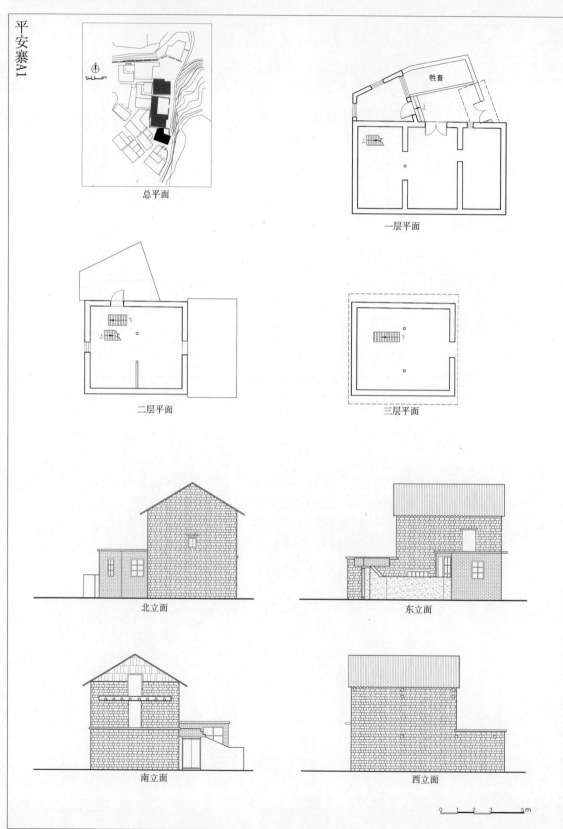

平安寨A1

总平面

一层平面

二层平面

三层平面

北立面

东立面

南立面

西立面

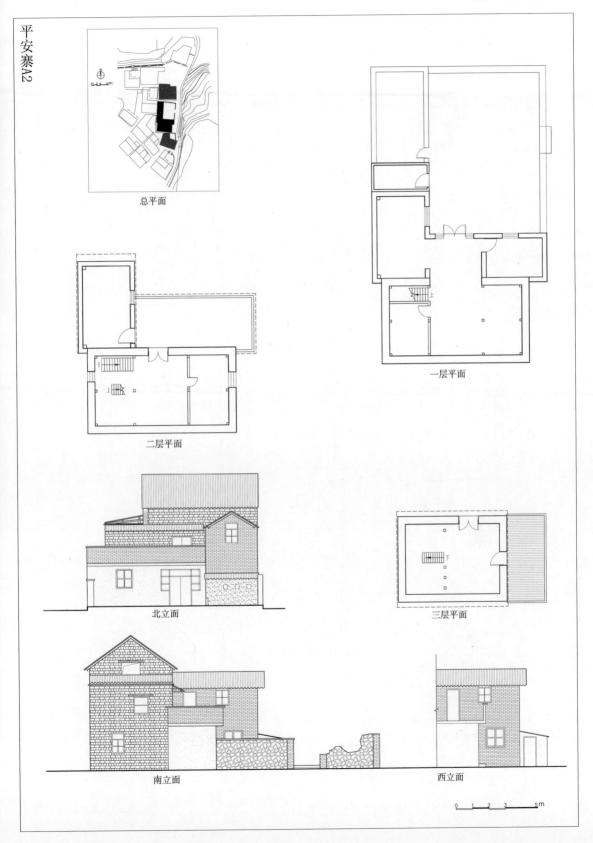

平安寨A2

总平面

一层平面

二层平面

北立面

三层平面

南立面

西立面

0 1 2 3 5m

总平面

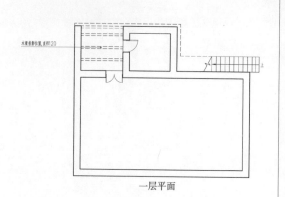

一层平面

木质楼梯位置，直径120

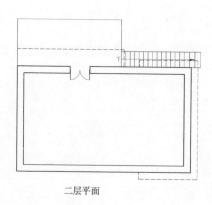

二层平面

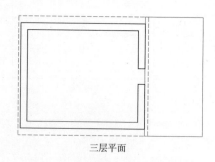

三层平面

北立面

东立面

0 1 2 3 5m

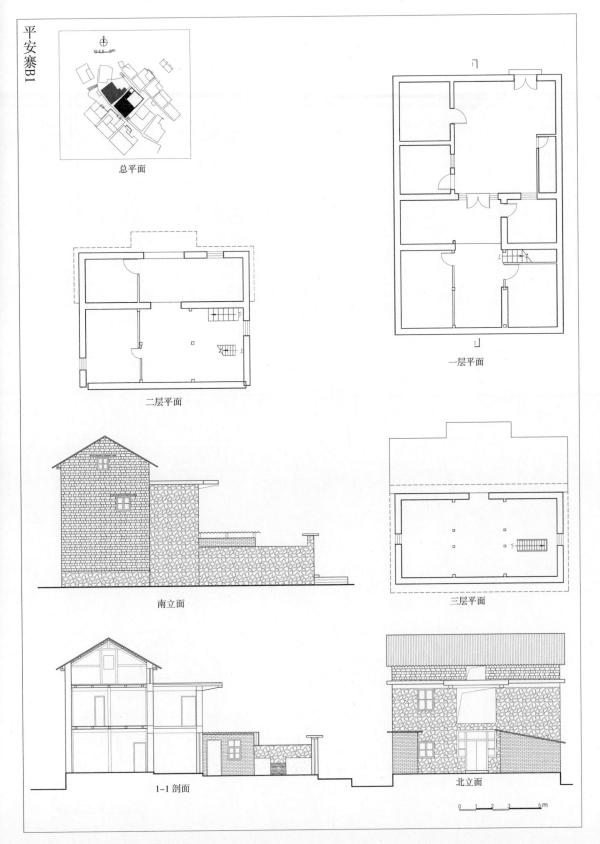

平安寨B1

总平面

一层平面

二层平面

三层平面

南立面

北立面

1-1 剖面

0 1 2 3 5m

平安寨B2

总平面

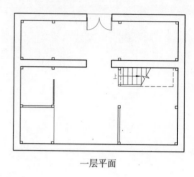

一层平面

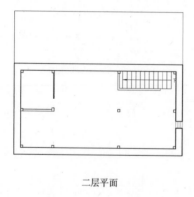

二层平面

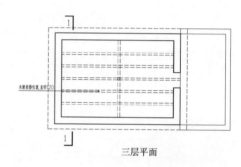

三层平面

北立面

东立面

普高新寨B1

总平面

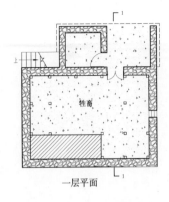

一层平面

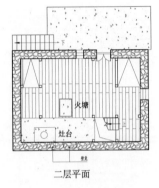

二层平面

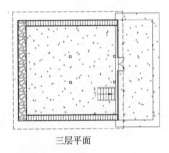

三层平面

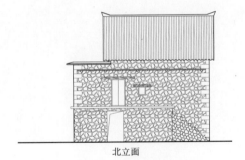

北立面

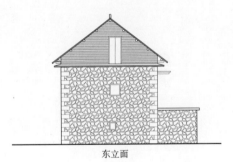

东立面

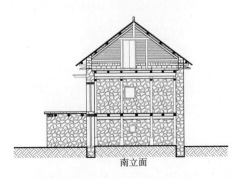

南立面

普高新寨B2

总平面

二层平面

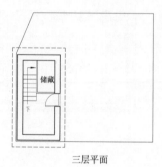

三层平面

北立面

东立面

0 1 2 3 5m

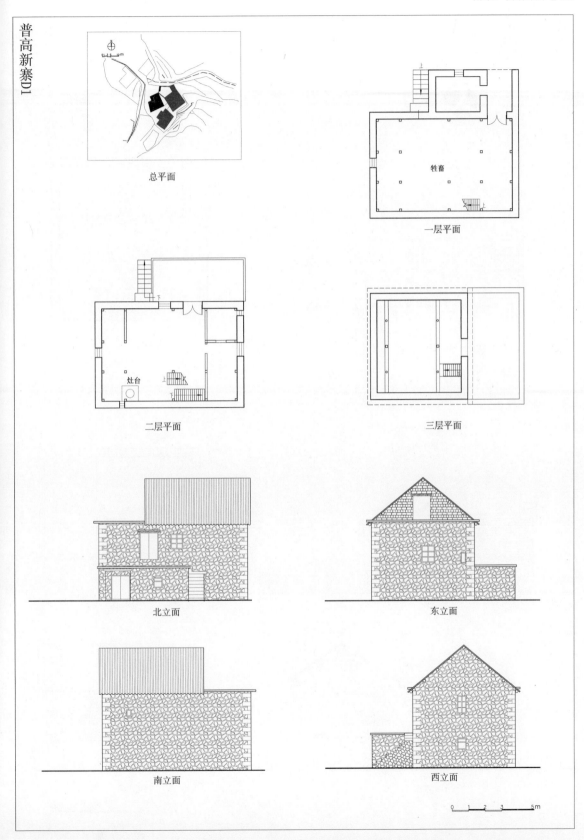

普高新寨D1

总平面

一层平面

二层平面

三层平面

北立面

东立面

南立面

西立面

牲畜

灶台

0 1 2 3 5m

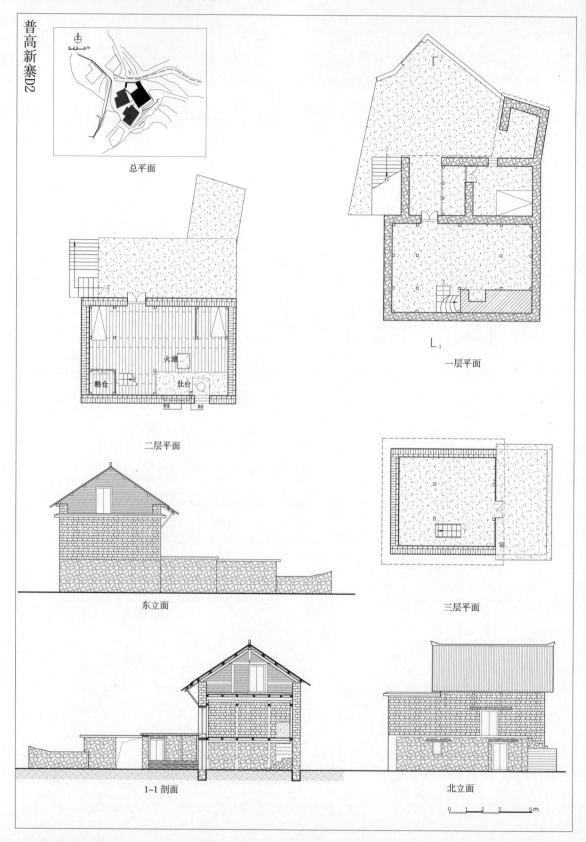

普高新寨D2

总平面

一层平面

二层平面

三层平面

东立面

1-1剖面

北立面

火塘
粮仓
灶台

0 1 2 3   5m

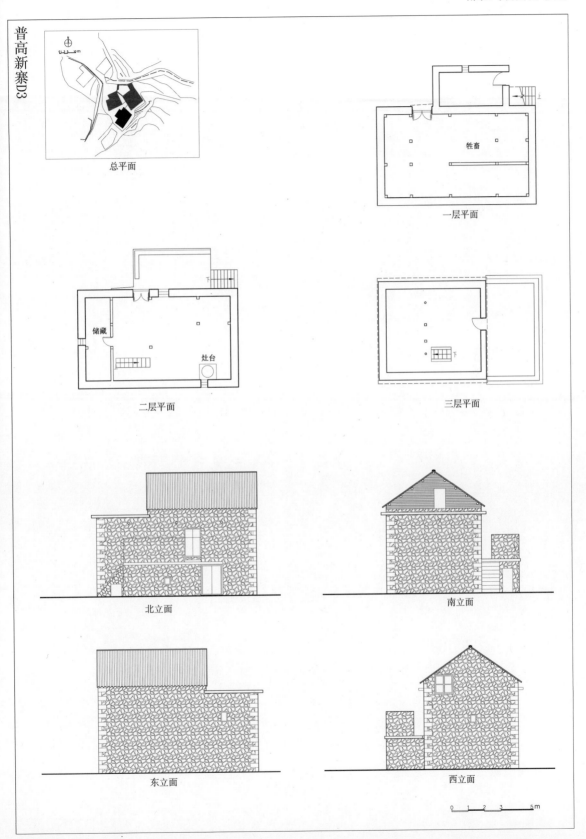

普高新寨D3

总平面

一层平面

牲畜

二层平面

储藏

灶台

三层平面

北立面

南立面

东立面

西立面

0 1 2 3 5m

后　记

　　元阳哈尼梯田传统村落是我国传统人居环境的杰出代表。壮阔唯美的自然地貌、梯田景观、村落民居构成的和谐整体展现了哈尼族人历代相传的营建智慧，然而在田园诗般的浪漫外表下，如何保护和延续传统文脉，并探索应对现代生活及发展需求的建造更新技术，则成为迫在眉睫的现实挑战。这是本书撰写的初衷。

　　自 2015 年至今，团队多次组织师生赴元阳哈尼梯田地区开展传统村落及民居的调研和测绘工作。我们走遍了哈尼梯田遗产区的数十个村庄，测绘了数十栋不同年代的典型"蘑菇房"，进而为地域建造体系的传承及更新提出设计策略，完成可用于指导村落修复及民居建造的导则和图集。限于团队业务能力和视野，其中必有疏漏谬误之处，敬请读者不吝指正。

　　本书研究是各阶段师生团队前赴后继、精诚协作的结果：前期调研中，吴超楠、许骏、郭瑛、郑金海、贾江南、仇高颖、邵思宇、张豪杰、周贤春、拓展、谢星宇、黄华青等先后驻扎当地，开展调研、测绘及图纸绘制工作；在此基础上，许骏、邵思宇对于哈尼梯田传统村落人居环境及民居的地域建造体系进行了梳理；郭瑛、吴婷婷、谢星宇针对新民居建造更新技术开展了设计实验；李恬楚、张春婷总结提出了传统民居保护更新导则以及新民居设计建造图集；尹子晗、张珊珊对更新与改造部分图集进行了整理；赵悦、黄华青对文献、文字和图片进行了系统整理；杨丹对新民居进行了光环境与风环境的模拟计算。此外，本书受惠于前人的调研和文献基础，设计过程也得到多位建筑与结构专家的指导，在此一并致谢。

　　最后，感谢国家自然科学基金面上项目"基于生态修复的山地梯田传统村落的地域建造体系及其绿色替代技术研究——以元阳哈尼梯田地区为例"（项目号：51678287），国家自然科学基金重点项目"城市形态与城市微气候耦合机理与控制"(项目号：51538005) 对本书研究工作的资助。

图书在版编目（CIP）数据

元阳传统村落地域建造体系及其更新技术 / 周凌，
黄华青，赵悦著. —— 南京：东南大学出版社，2020.12
　　ISBN 978-7-5641-9318-8

　　Ⅰ. ①元… Ⅱ. ①周… ②黄… ③赵… Ⅲ. ① 村落 –
建筑艺术 – 研究 – 元阳县 Ⅳ. ① TU862

　　中国版本图书馆CIP数据核字（2020）第 257993 号

书　　名：元阳传统村落地域建造体系及其更新技术
Yuanyang Chuantong Cunluo Diyu Jianzao Tixi Jiqi Gengxin Jishu
著　　者：周　凌　黄华青　赵　悦
责任编辑：魏晓平
出版发行：东南大学出版社
地　　址：南京市四牌楼 2 号　邮编：210096
出 版 人：江建中
网　　址：http://www.seupress.com
电子邮箱：press@seupress.com
印　　刷：南京新世纪联盟印务有限公司
经　　销：全国各地新华书店
开　　本：787 mm × 1092 mm　1/16
印　　张：23
字　　数：406 千字
版　　次：2020 年 12 月第 1 版
印　　次：2020 年 12 月第 1 次印刷
书　　号：ISBN 978-7-5641-9318-8
定　　价：118.00 元

（若有印装质量问题，请与营销部联系。电话：025-83791830）